はじめに

　地球は、昆虫の惑星だ。現在発見されている動物の種類は約137万種だといわれるが、その中で昆虫が占める割合は、7割にあたる約100万種にもなる。私たち人間が属する哺乳類の仲間は約6000種程度と聞くと、いかに昆虫の種類が多いかわかるだろう。

　地球で最も繁栄した昆虫の頂点を決めるこのバトルは、ある意味で動物のNo.1を決める戦いになるかもしれない。

　もちろん、昆虫たちも対戦相手によって得手不得手はあるだろうし、違う組み合わせで戦ったら、まったく別の決勝カードを見ることになる可能性もある。

　特に今回は、よりダイナミックな戦いをお見せするために、独自の戦闘体長を算出しているため、現実に戦わせた時の結果とは異なるだろう。しかし、膨大な種類の昆虫の中から選ばれた猛者たちの生態は、驚くべきことにすべて真実である。

　彼らの磨き抜かれた技や武器によって展開されるバトルは、読者に瞬きする暇を与えない。100万種の頂点となる昆虫は、一体誰なのか。自分の目でぜひ確かめてほしい。

—— 監修・篠原かをり

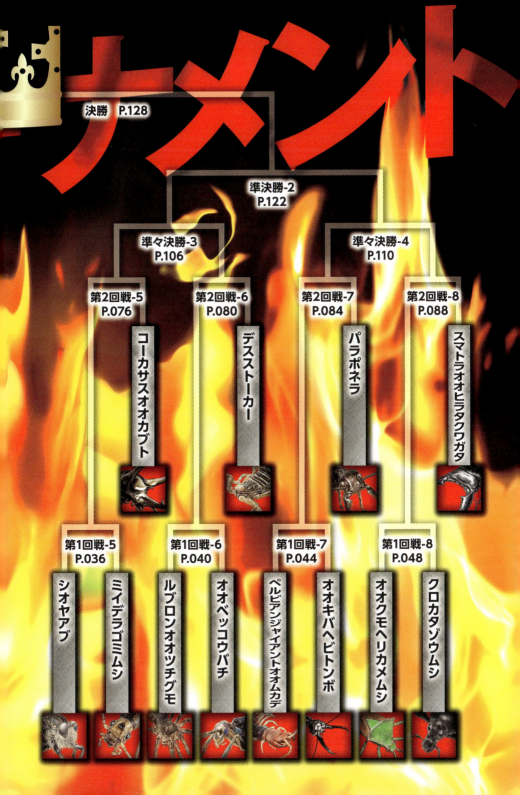

【第1章】第1回戦

【第3章】準々決勝

【第4章】準決勝・決勝

コラム

基礎知識・設定

- ルール …… P.010
- ページの見方 …… P.011
- 昆虫の基礎知識 …… P.012
- 用語集 …… P.136
- 昆虫データ …… P.138

昆虫コラム

- コラム① おもしろい武器をもつ昆虫 …… P.034
- コラム② おもしろい性質の昆虫 …… P.054
- コラム③ 巣を作って集団生活する昆虫 …… P.074
- コラム④ タフな環境で生き抜く昆虫 …… P.094
- コラム⑤ 絶滅した古代の昆虫 …… P.114
- コラム⑥ 本書の昆虫の体長計算方法 …… P.132

昆虫ランキング

- RANKING-1 パワー&攻撃力 …… P.056
- RANKING-2 体力&防御力 …… P.096
- RANKING-3 速さ&瞬発力 …… P.116
- RANKING-4 テクニック …… P.126
- RANKING-5 凶暴性 …… P.127

エキシビション

エキシビション-1　P.052

オオゲンゴロウ（幼虫） VS ナンベイオオタガメ

エキシビション-2　P.092

メガネウラ VS アースロプレウラ

ルール

Rule 1 トーナメントの組み合わせは抽選により決定される。

Rule 2 トーナメントに出場するのは昆虫類・クモ類・ムカデ類などの節足動物だが、本書では、便宜上いずれも「昆虫」と総称する。

Rule 3 種類によって体重・体長の差が激しいため、[すべての昆虫の体重を60kgを目安に拡大した特別ルール]を導入する(体長の計算方法は132ページを参照)。ただし、必ずしもすべての昆虫が同じ重さになっているわけではない。なお、体長算出の基準となる個体は、いずれの昆虫もその種の中で一般的な体重・体長の個体とする(バトルシーンでは、拡大された各昆虫の大きさをわかりやすくするために、平均的な人間サイズの「透明レフェリー」を置いている)。

Rule 4 昆虫が元々もっていた能力は保持されるものとする(サイズが大きくなっても、物理的な原則に制限されることなく、能力は保持される)。

Rule 5 臆病だったりおとなしい性質の昆虫でも、最初から戦わずに逃走することはないものとする。

Rule 6 戦いの舞台はどちらか一方のハンデにならないように、両者の生息地に近い環境に設定される。また、戦いは極端な悪天候では行われないものとする。

Rule 7 戦いは昼間・夜間を問わず行われる。これによる昆虫への影響はなく、本来の能力が発揮できるものとする。

Rule 8 戦いは時間無制限で行われる。どちらか一方が戦闘不能になるか、戦いをやめて逃走した時点で戦闘終了となる。

Rule 9 ベストの状態で力を比べるため、戦いで受けた傷や疲労は次の戦いまでに完治するものとする。

戦いの舞台について

草原や森林など、昆虫たちが生活している場所に近い環境が戦いの舞台となる。生息場所が大きく異なる昆虫の対戦では、両者が実力を発揮できる舞台が両方用意される。

勝敗について

相手に戦闘続行が不可能なほどの傷を負わせるか、力の差を見せつけて逃走させれば勝利。生命に関わるひどいケガをしても、先に上記の勝利条件を満たせば勝者となる。

昆虫の性質によっては地の利を生かした戦いをする場合も!

激戦を制して頂点に立つのはどの昆虫か!?

ページの見方

❶ **ラウンド**：何回戦目かを表します。　❷ **戦う昆虫の名前**　❸ **レーダーチャート**：パワー、攻撃力、体力、防御力、速さ、瞬発力、テクニック、凶暴性を10段階で評価しています。　❹ **データ**：分類（どの昆虫の仲間か）、生息地域（住んでいる場所）、食性（何を食べているか）、体長（自然界の昆虫の大きさと戦闘時の大きさ）。　❺ **成人男性との比較**：一般的な大人の男性（170cm）と、昆虫の実際のサイズおよび戦闘時のサイズを比べています。　❻ **初登場時**：昆虫の戦闘時の生態や、武器などの説明をしています。／**2回戦目以降**：前回の戦いで、どのような勝ち方をしたのかをプレイバックしています。

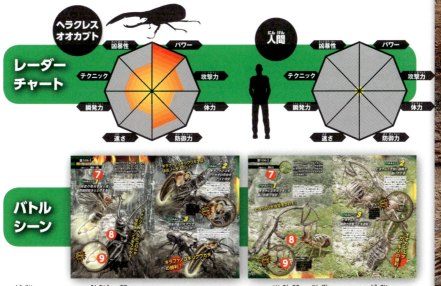

❼ **透明レフェリー**：昆虫の大きさをわかりやすくするために、平均的な人間サイズの透明レフェリーを置いています。　❽ **バトルシーン**　❾ **ロックオン**：戦いにおいて、注目したい場面をクローズアップしています。

011

昆虫の基礎知識

身近な存在ながら、意外と知らないことが多い昆虫。
そこで昆虫の歴史や分類、体の構造などの基礎知識を紹介しよう。

昆虫は4億年以上前に誕生していた

古生代	シルル紀	約4億4370万年前〜	昆虫の誕生。頭部・胸部・腹部の分化が生まれたが、翅はなかった。
	デボン紀	約4億1600万年前〜	地層からトビムシ目の化石が発見される。
	石炭紀	約3億5900万年前〜	翅をもつ昆虫が登場。トンボやゴキブリの祖先も生まれる。
	ペルム紀	約2億9900万年前〜	多くの昆虫が絶滅したが、甲虫目など新たな種類が誕生する。
中生代	三畳紀	約2億5100万年前〜	植物の進化に伴い、ハエやハチが出現。
	ジュラ紀	約2億年前〜	鳥類や哺乳類の進化とともに、これらに寄生するノミ目などが誕生。

※昆虫の誕生は「デボン紀」という説もある。

昆虫は節足動物の仲間

現生の節足動物は大きく4種類に分けられ、そのなかの1種が昆虫だ。

鋏角類
頭部に鋏状の鋏角または鋏肢をそなえ、触角を持たない
■クモ、サソリなど

甲殻類
頭部に2対4本の触角をそなえている
■エビ、カニ、ザリガニなど

多足類
頭部に1対2本の触覚をそなえ、体は頭部と胴部に分かれている
■ムカデ、ヤスデなど

昆虫類
体は頭部・胸部・腹部に分かれ、胸部に3対6本の脚をそなえる
■詳細は右ページの系統図を参照

昆虫の系統

- **内顎綱**
  - 翅がなく、口器が頭部の中にある
  - トビムシ目／カマアシムシ目／コムシ目
- **外顎綱**
  - **単丘亜綱**
    - 翅がなく、関節は1ヵ所のみ
    - イシノミ目
  - **双丘亜綱**
    - **無翅下綱**
      - 翅がなく、関節が2ヵ所ある
      - シミ目
    - **有翅下綱**
      - **旧翅節**
        - 翅はあるが、体の軸と平行に翅をたたむことができない
        - カゲロウ目
        - トンボ目
      - **新翅節**
        - 翅を体と平行にたためる、直翅系が多い
        - **多新翅類**
          - カワゲラ目／ハサミムシ目
          - ガロアムシ目／カカトアルキ目
          - ナナフシ目／シロアリモドキ目
          - ジュズヒゲムシ目／ゴキブリ目
          - カマキリ目／バッタ目
        - **準新翅類**
          - チャタテムシ目／シラミ目
          - アザミウマ目／カメムシ目
        - **完全変態類**
          - ヘビトンボ目／ラクダムシ目
          - アミメカゲロウ目
          - コウチュウ目／シリアゲムシ目
          - ノミ目／ハエ目／チョウ目
          - トビケラ目／ハチ目

昆虫は生物界最大のグループ

　現生の昆虫は、口器が頭部の中に包まれている内顎綱と頭部の外に大アゴを持つ外顎綱に分けられ、しばしば外顎綱が狭義の昆虫類として扱われる。（ちなみに本書では、トーナメントに出場する選手およびコラムに登場する虫全体を総称して「昆虫」と表記している）

　外顎綱以下は関節の数や翅の有無などで分類され、大多数の昆虫は翅をもつ有翅下綱に含まれる。

　なお、現在確認されている限りでも、昆虫の種数は約100万種以上。さらに毎年数百の新種が認定され続けているそうだ。私たちヒトを含む哺乳類は約6000種で、その差は歴然。昆虫は生物界最大の種類数を誇るグループなのだ。

昆虫の体

有翅昆虫の基本的な体

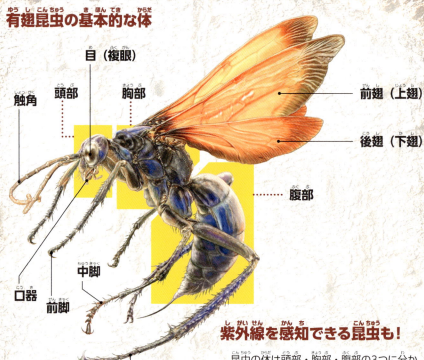

目（複眼）／頭部／胸部／触角／前翅（上翅）／後翅（下翅）／腹部／口器／前脚／中脚／後脚

紫外線を感知できる昆虫も！

昆虫の体は頭部・胸部・腹部の3つに分かれている。カマアシムシ目以外の昆虫の頭部には1対2本の触覚があり、接触や空気の動き、熱、音などを認識している。複眼はヒトの目に比べて解像度が低く、たとえばカマキリの視力は、人間換算では0.03程度と推測されている。しかし、昆虫によってはヒトには感知できない蛍光灯の点滅や紫外線の波長を感じられるなど、固有の能力をもっている。

胸部には3対6本の脚、2対4枚の翅をそなえているが、しばしば有翅昆虫であっても、翅をもたない種類や二次的に翅が退化・消失するものもいる。

腹部には生殖器があり、オスには精巣や交尾器、メスには卵巣や交尾孔・産卵孔がそなわっている。

スマトラオオヒラタクワガタ
甲虫目の上翅は硬く、羽ばたくことでではなく、飛翔時に揚力を生み出す役割を果たしている。

パラポネラ
ハチ目アリ科は、働きアリが翅をもたないために無翅の印象が強いが、女王アリや繁殖を行う雄アリは翅をもっている。

成長と変態

昆虫の体を覆っている外骨格は、一度硬くなると成長できないため、脱皮することで段階的に成長する。なお、無翅昆虫類は幼虫期の外見が成虫とほとんど同じだが、残る大多数の昆虫は、幼虫と成虫で外見に大きな変化が起こることがあり、これを「変態」と呼ぶ。

完全変態　ヘラクレスオオカブト

カブトムシやクワガタなどの幼虫は芋虫のような姿で、数度の脱皮ののちにサナギを経て成虫になる。

不完全変態　サバクトビバッタ

成虫と幼虫の体のつくりはほぼ同じだが、幼虫は翅や生殖器が未発達で脱皮のたびに成長する。

あらゆる環境に適応

昆虫はさまざまな気候・場所に適応し、海以外のほぼすべての場所に生息している。適応できた理由は、最小限のエサや生活空間で済む「小さなサイズ」、繁殖相手や生息地を探すのに有利な「飛翔能力」、突然変異の確率を高める「世代交代の早さ」などが挙げられる。

陸　コーカサスオオカブト

水　ナンベイオオタガメ

空　オニヤンマ

食性

昆虫の食性は、小動物などを食べる「捕食性（肉食性）昆虫」と植物を食べる「植食性昆虫」が大半を占めている。また、なかには、幼虫期は肉食性だが、成虫になると植食性になるなど、成長過程で食性が変化する昆虫もいる。

植食性昆虫
ギラファノコギリクワガタ
エサ：広葉樹の樹液

捕食性昆虫
リオック
エサ：昆虫、小動物

●本書は、昆虫を戦わせることを目的とした本ではなく、戦いを通して昆虫の性質・特徴を知ること、純粋な強さを明らかにすることを目的とした本です。

●本書に掲載した昆虫同士の戦闘シーンは、実際に戦わせたものの再現ではありません。また、戦いの結果も、必ずいつもそのような結果になるというものではなく、昆虫の個体の能力を考慮したうえでの架空のシミュレーションです。

●ランキングのページでは、レーダーチャートで同じ数値の昆虫も、編集部独自の判断でランキングづけをしています。

第1回戦-1
ギラファノコギリクワガタ
最大・最長のクワガタ！

ステータス: 凶暴性／パワー／攻撃力／体力／防御力／速さ／瞬発力／テクニック

- 分類 ────── 甲虫目クワガタムシ科 ノコギリクワガタ属
- 生息地域 ──── 東南アジアの熱帯地域
- 食性 ────── 樹液など
- 体長 ────── 35〜120mm ▶ (戦闘体長：123cm)

大きさの比較 実際のサイズ／戦闘サイズ

大きな体とアゴで敵を圧倒

ギラファノコギリクワガタは世界最大・最長のクワガタムシ。名前の「ギラファ」は「キリン」という意味で、その名の通り、キリンの首のように細くて長い、大きなアゴ（ハサミの部分）をもっている。見た目はかなり強そうだが、じつはほかのクワガタと比べて挟む力が弱く、持久力もない。とはいえ、この大きな体とアゴから繰り出される一撃をまともにくらえば、ひとたまりもないだろう。

① 体長の半分を占める大アゴ
ギラファノコギリクワガタは湾曲した大アゴをもっている。その形状は個体によって微妙に変わるが、どれも体ほどの大きさがあり、強力な武器となる。

② アゴの内側に生えた鋭いトゲ
ギラファノコギリクワガタの大アゴには無数のトゲ（内歯）が生えている。このトゲはかなり鋭く、どんな昆虫にとっても脅威となるだろう。

フォツリス・ベルシコロル

光を放ち獲物を狩る肉食ホタル

- 分類 …… 鞘翅目カブトムシ亜目ホタル科フォツリス属
- 生息地域 …… 北アメリカ
- 食性 …… 小型の昆虫など
- 体長 …… 20～50mm ▶ 戦闘体長：141cm

偽の求愛信号でオスを騙す

フォツリス・ベルシコロルは、北アメリカに生息するホタルの一種。ホタルは腹部にある発光器を使って光を放ち、敵を威嚇したり、異性に求愛することで知られるが、この虫は、ふつうのホタルと一味違う。数種類の光を使い分けることで、別属のホタルのメスになりすまし、オスに求愛。騙されて飛んできたオスをエサとして食べてしまうのだ。体は小さいが危険なハンターといえる。

① 数種類の光を放つ発光器

ほかのホタルと同じように、腹の下部には光を放つ発光器がある。フォツリス・ベルシコロルはこれを使い、数種類の光を発生させるという。

② 自ら毒を取り込み身を守る

フォツリス・ベルシコロルはフォティヌス属のオスを騙して食べ、そのオスがもつ毒を体内に取り込み、自身がほかの生物に食べられることを防ぐ。

第1回戦-1

対戦ステージ　森林（夜）

他種のホタルを襲って食べてしまうフォツリス・ベルシコロルの攻撃は、果たしてギラファノコギリクワガタにも通用するのか？

バトルシーン1
得意の発光を繰り返し臨戦態勢をととのえる

先に仕掛けたのはフォツリス・ベルシコロル。他種のホタルの発光パターンを真似して臨戦態勢をととのえる。さまざまな発光パターンを繰り返しながら、ギラファノコギリクワガタに襲いかかるためのスキをうかがいはじめた。

フォツリス・ベルシコロルが攻撃チャンスをうかがう！

LOCK ON!!

発光
フォツリス・ベルシコロルは計5種類の発光パターンを操り、他種のオスをおびき寄せて食べてしまう。

**ギラファノコギリクワガタは
ほぼノーダメージ！**

バトルシーン2
ギラファノコギリクワガタの背中をアゴで攻撃

牽制するギラファノコギリクワガタに対し、背後に回り込んだフォツリス・ベルシコロルが背中に噛みつき攻撃！ しかし、アゴは外殻にはばまれて内側まで届かず、決定的なダメージを与えることができない。

噛みつき攻撃
フォツリス・ベルシコロルはホタルのなかでもアゴが発達しているが、クワガタの外殻には敵わなかった。

LOCK ON!!

バトルシーン3
自慢の長い大アゴでガッチリとホールド！

攻撃を退けたギラファノコギリクワガタの反撃。長い大アゴでフォツリス・ベルシコロルの胴体をガッチリとはさんで持ち上げる。もはやフォツリス・ベルシコロルには逃げるしか手が残されていないだろう。

ギラファノコギリクワガタの勝利！

第1回戦-2

オオカレエダカマキリ
昆虫界の擬態忍者

- **分類** ── カマキリ目カレエダカマキリ科
- **生息地域** ── 東南アジア
- **食性** ── 昆虫や爬虫類など
- **体長** ── 70〜200mm ▶（戦闘体長：233cm）

大きさの比較

実際のサイズ　戦闘サイズ

枝に偽態して敵を奇襲

世界で一番大きなカマキリで、個体によっては体長200mmまで成長することもある。その名の通り、枯れた木の枝のような薄茶色の細長い体が特徴。ふだんは木にぶら下がるようにとまって木の枝に擬態し、近寄ってきた昆虫や爬虫類などを捕まえて食べてしまう。大きな体から繰り出される一撃は強力だが、外皮が柔らかいので防御力は決して高くはない。反撃のスキを与えず相手を倒せるか!?

① 枝のような細長の胴体
個体によっては体長200mmにまで成長するというオオカレエダカマキリ。その巨体で暴れられたら、たいていの昆虫は手も足も出せないはず。

② リーチが長い前脚
オオカレエダカマキリは、体はもちろん、腕もかなり長い。爬虫類などを捕まえて食べることもあるというので、力もそれなりには強いといえる。

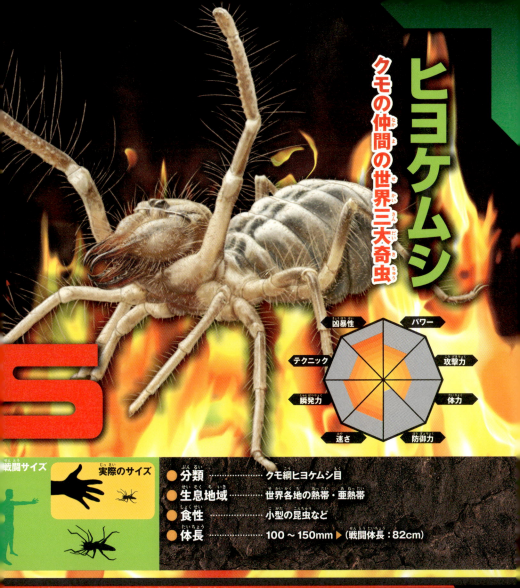

ヒヨケムシ

クモの仲間の世界三大奇虫

戦闘サイズ / **実際のサイズ**

- 分類 ……… クモ綱ヒヨケムシ目
- 生息地域 ……… 世界各地の熱帯・亜熱帯
- 食性 ……… 小型の昆虫など
- 体長 ……… 100～150mm ▶（戦闘体長：82cm）

素早い動きで獲物を強襲

ヒヨケムシはクモの仲間で、サソリモドキやウデムシとともに世界三大奇虫に数えられる。日光を避ける習性をもち、多くが夜行性であることから日本では「日除け虫」と呼ばれる。また、足が速いのも特徴で、自転車と同じくらいのスピードで移動する。暗闇の中、ターゲットに素早く近づいてアゴにある巨大な鋏角（牙のような尖った器官）で噛み殺す。まさに昆虫界の暗殺者だ！

1 巨大な鋏角

どの個体でも鋏角の大きさは体の3分の1とされる。仮に体長10cmのヒヨケムシなら鋏角は3cm。人間の体重に合わせると30cm弱にもなる。

2 獰猛で好戦的な気性

ヒヨケムシはかなり好戦的な昆虫で、体が大きいものは小型のヘビや鳥類にも襲いかかり、捕食するという。真っ向から戦うには危険過ぎる相手だ。

第1回戦-2

対戦ステージ　草むら

本来のサイズならば体重が重いヒヨケムシが有利。しかし今回は体重合わせのルールにより体長が倍以上になったオオカレエダカマキリにも勝機が!?

バトルシーン 1
オオカレエダカマキリが長い前脚で攻撃！

先制攻撃を仕掛けたのはリーチで有利なオオカレエダカマキリ。長い前脚を素早く動かしてヒヨケムシを捕捉しようと試みる。しかし、ヒヨケムシはその攻撃スピードを上回る俊敏な動きを見せ、華麗に回避する。

ヒヨケムシが攻撃をかわす！

LOCK ON!!

俊敏な機動力

オリジナルサイズでも自転車と同じくらいの速度で走れるので、人間サイズになるとチーターよりも速く走れるかもしれない。

バトルシーン2
ヒヨケムシが鋭い鋏角で襲いかかる

攻撃を巧みにかわしたヒヨケムシが、オオカレエダカマキリの腹部に回り込んで襲撃。鋭い鋏角で中脚を噛みちぎった！　機動力で勝るヒヨケムシが有利な展開となり、さらに攻撃を仕掛けようと試みる！

LOCK ON!!

大きな鋏角
ヒヨケムシは強力な鋏角を持ち、その攻撃力は小型のげっ歯類や鳥類を殺すほどだ。

バトルシーン3
ヒヨケムシの機動力を奪って大逆転！

劣勢に立たされたオオカレエダカマキリだったが、懐に入り込んだヒヨケムシを前脚で押さえつけることに成功！　胸部に噛みつき、あとは体力が消耗するのを待つばかり。動きを封じられたヒヨケムシの敗北が決まった瞬間である。

オオカレエダカマキリの勝利！

第1回戦-3 リオック

恐怖知らずの戦闘コオロギ

- **分類** ……… バッタ目キリギリス亜目コロギス上科
- **生息地域** ……… インドネシア
- **食性** ……… 昆虫や爬虫類など
- **体長** ……… 60～100mm ▶ (戦闘体長：115cm)

大きさの比較 / 実際のサイズ / 戦闘サイズ

超好戦的な肉食コオロギ

リオックは、インドネシアに生息する超大型のコオロギ。オスよりもメスのほうが体が大きく、その見た目から、「オバケコロギス」などとも呼ばれる。食性は完全な肉食性で、非常に好戦的かつ食欲旺盛。スズメバチやヒヨケムシなど、凶暴な虫も恐れず、たとえ相手が自分より大きな虫でもひるまずに立ち向かい捕食する。可愛らしい顔つきとは裏腹に、かなり獰猛な昆虫だ！

❶ 獲物を噛み砕く強靭なアゴ

リオックは強靭なアゴをもっており、バッタやカマキリといった外皮が柔らかい昆虫であれば、そのアゴを使ってムシャムシャと食べてしまう。

❷ 底なしの食欲

リオックはとても食欲が旺盛な昆虫。とくにメスは大食いで、エサとなるほかの虫だけでなく、同種のオスも食べてしまうという。

カマキリモドキ

カマをもつ合成昆虫

凶暴性 / パワー / テクニック / 攻撃力 / 瞬発力 / 体力 / 速さ / 防御力

● 分類	アミメカゲロウ目カマキリモドキ科
● 生息地域	世界各地の熱帯・亜熱帯
● 食性	小型の昆虫や花の蜜など
● 体長	15～35mm ▶ 戦闘体長：283cm

カマのような前脚で獲物を狩る

名前には「カマキリ」とあるが、カマキリモドキはカゲロウの一種。上半身はカマキリ、下半身はカゲロウに似ているなど、とてもユニークな見た目をしている。また、体の色も赤だったり、緑だったり、スズメバチのような縞模様だったりとさまざま。前脚はカマキリと同じくカマの形をしていて、これを使って小型の昆虫を捕食するのだ。体は大きくないが、その戦闘力は侮れないだろう。

❶ 折り畳まれたカマ状の脚

キレイに折り畳まれたカマキリモドキの前脚は、広げてみると意外に長い。この脚でガッチリつかまれたら逃げ出すのは困難だ!!

❷ ハチにそっくりな縞模様

ハチにそっくりな縞模様をもつ個体も確認されている。姿形をハチに似せることで、外敵から襲われにくくしているのだろう。

第1回戦-3

対戦ステージ　草むら

前脚のカマで敵を捕獲するカマキリモドキ。凶暴な肉食昆虫のリオックに対しては、リーチ差を生かして戦いたいところだ。

バトルシーン1

お互いの様子をうかがうような序盤戦

正面からにらみ合いが続くなか、先に動いたのはカマキリモドキ。両前脚のカマを大きく広げて威嚇のポーズをとった。これを受けてリオックも行動を開始。ひるむことなくカマキリモドキへ突進していく！

迫力満点の威嚇ポーズ

LOCK ON!!

強者のモノマネ!?
上半身がカマキリにそっくりのカマキリモドキ。下半身がスズメバチに似た種類も確認されている。

バトルシーン 2
リオックの頭部をカマが襲う

正面突破をはかるリオックに対し、カマキリモドキが迎撃。リオックの頭部めがけて前脚のカマを振り下ろす！ しかし、小型昆虫しか捕食できないカマキリモドキの攻撃は軽く、リオックに大きなダメージを与えられない。

前脚のカマ
カマキリモドキはカマキリのように前脚で小型昆虫を捕獲するが、リオックには通用しなかった。

LOCK ON!!

バトルシーン 3
リオック、小細工不要の貫禄勝ち

相手の攻撃をものともせず、頭部でカマを押し戻すリオック。自分の間合いまで近づくと、カマキリモドキの頭部へと噛みついた！ 力比べに負けたカマキリモドキは逃げるタイミングを失い、リオックの餌食となった。

リオックの勝利！

第1回戦-4

サバクトビバッタ

悪魔とよばれる危険生物

レーダーチャート: 凶暴性／パワー／テクニック／攻撃力／瞬発力／体力／速さ／防御力

- **分類** …………… バッタ目バッタ亜目バッタ科
- **生息地域** ……… 中東やアフリカの乾燥地帯など
- **食性** …………… 植物全般
- **体長** …………… 35～65mm ▶ (戦闘体長：174cm)

大きさの比較
実際のサイズ／戦闘サイズ

空から飛来する黒い悪魔

乾燥地帯に生息し、草花や農作物をエサとするバッタ。通常は体が緑色で脚も長いが、特定の条件下で育った個体は体が黒く、短い脚と長い翅をもつ。前者は「孤独相」、後者は「群生相」といい、群生相はエサを求めて群れで行動する。中東やアフリカなどでは、サバクトビバッタによって深刻な蝗害（農作物を食い荒らされること）が起きており、悪魔や災害として恐れられている。

① 高い場所もひとっ飛び
脚力が強く、体が人間と同じサイズなら、1回のジャンプで9階建てのビルを飛び越えるという。昆虫界でもトップクラスの跳躍力をもつのだ！

② 底なしの食欲
1日に自分の体重に相当する量の草花や作物を食べる。そんな虫が最大で数十億匹の群れを作り、エサを求めて飛び回るというから恐ろしい。

オオスズメバチ

最も危険な昆虫戦闘機

レーダー: 凶暴性／パワー／攻撃力／体力／防御力／速さ／瞬発力／テクニック

戦闘サイズ / 実際のサイズ

- 分類：ハチ目スズメバチ科　スズメバチ亜科スズメバチ属
- 生息地域：アジアの広い地域
- 食性：小型の昆虫や樹液など
- 体長：25～40mm ▶（戦闘体長：134cm）

ふたつの武器で獲物を狩る

日本でも見られるスズメバチの大型種。体内で強力な毒を生成することができ、尻部分には毒を注入するための鋭い針が備わっている。体はそれほど大きくないが、アゴの力はかなり強い。幼虫のエサとなる昆虫を噛み殺し、その肉を砕いてペースト状にしてから肉団子を作り、巣に運ぶという。好戦的かつ攻撃性・毒性も高いため、もし見かけたら近寄らずに逃げるしかない！

1 体内で生成される毒

スズメバチの毒には血圧を低下させたり、組織を破壊するなど、さまざまな効力がある。それは、昆虫にも人間にも効く危険な毒だ。

2 1日で100kmも移動できる

オオスズメバチは時速数十kmで飛ぶことができ、1日で約100kmの飛行も可能だという。ひと度狙われたら、逃げ切るのは難しい！？

第1回戦-4

対戦ステージ　空中＆砂漠

毒針とアゴで敵をしとめるオオスズメバチ。ふだんは数千万匹で農作物を食い荒らすサバクトビバッタが、1対1でどう戦うかが見どころ。

バトルシーン1

上空から狙うオオスズメバチが有利な戦況

飛行しながら攻撃チャンスをうかがうオオスズメバチに対し、地上で待ち受けるサバクトビバッタ。次の瞬間、オオスズメバチが急降下して襲いかかるが、サバクトビバッタが間一髪で回避に成功する。

オオスズメバチの急襲をギリギリで回避！

LOCK ON!!

飛翔能力
サバクトビバッタも飛翔できるが、風に乗って飛ぶことが多いため、細かい動きの空中戦は不向きだ。

上空のオオスズメバチに体当たり!

バトルシーン 2
サバクトビバッタの大ジャンプ攻撃

先制攻撃に失敗したオオスズメバチは再び上空へ。一方、体勢を立て直したサバクトビバッタが自慢の脚力で大ジャンプ! 高層ビルを軽々と越える勢いでジャンプをして、そのままオオスズメバチに向かって体当たりを決める!

驚異のジャンプ力
バッタ科のジャンプ力は高さだけでなく距離もすごい。人間サイズならば25mプールを飛び越えるのも簡単だ。

LOCK ON!!

バトルシーン 3
空中戦にもつれ込んで決着

ジャンプ後、空中で追撃の機会を狙っていたサバクトビバッタだったが、空中戦では飛翔能力に長けたオオスズメバチが圧倒的に有利。反撃に転じたオオスズメバチが、噛みつき&毒針の合わせ技で勝利を収めた。

オオスズメバチの勝利!

コラム ❶
おもしろい武器をもつ昆虫

力強いアゴや、鎧のように硬い外殻など、昆虫たちはさまざまな武器をもっている。ここではトーナメントに出場している昆虫や、出場しなかったが、特におもしろい武器をもつ昆虫たちを紹介していこう。

ミイデラゴミムシ

危険を感じると、お尻の先から約100度にも達する高温のガスを噴射する。その威力は、この昆虫を捕食しようとしたカエルを火傷させて、追い払うほどだ。

高温のガス

- ■分類　甲虫目オサムシ上科ホソクビゴミムシ科
- ■生息地域　日本や中国など、広い地域
- ■食性　小型の昆虫など
- ■体長　25〜35mm

ツェツェバエ

針のようにするどく硬い口を、ほかの動物の体に突き刺して血を吸う。アフリカ睡眠病という病気の原因になる寄生虫をばらまくので、とても恐れられている。

吸血

- ■分類　ハエ目ハエ亜科ツェツェバエ科
- ■生息地域　アフリカ中部〜南部
- ■食性　ほかの動物の血液
- ■体長　5〜10mm

ベネズエラヤママユガ（幼虫）

幼虫は全身がけばけばしいトゲでおおわれている。このトゲにはとても強い毒があり、人間が刺されると出血が止まらなくなり、死んでしまうこともあるという。

- ■分類　チョウ目ヤママユガ科
- ■生息地域　中央アメリカ〜南アメリカ
- ■食性　植物の葉
- ■体長　45〜55mm（幼虫）

最強の猛毒

タートルアント

頭の上側が平たく、盾のような形をしている。木の幹や枝に巣穴を掘って生活しており、敵が入ってこられないように巣穴の出入り口を頭でふさいでしまう。

- ■分類　ハチ目アリ科フタフシアリ亜科
- ■生息地域　北アメリカ南部〜南アメリカ
- ■食性　不明
- ■体長　4mm

超硬質の盾

ジバクアリ

強敵に襲われると腹部を破裂させて粘液をまき散らす。自爆したアリは死ぬが、粘液で敵は動けなくなり、においでほかのアリにも危険を知らせることができる。

- ■分類　ハチ目アリ科ヤマアリ亜科
- ■生息地域　マレーシア、ブルネイ
- ■食性　不明
- ■体長　5mm

命がけの自爆

第1回戦-5

シオヤアブ
昆虫界の突撃兵

- 分類 …… ハエ目ムシヒキアブ科シオヤアブ亜科
- 生息地域 …… 日本各地
- 食性 …… 小型の昆虫など
- 体長 …… 20〜30mm ▶（戦闘体長：147cm）

大きさの比較 実際のサイズ／戦闘サイズ

奇襲戦法で獲物を狩る

スズメバチの針のような強力な武器はもたないが、昆虫界きってのハンターとされるシオヤアブ。獲物を狩るときは、見晴らしのよい木の枝などにとまり、周囲をじっくり観察。獲物が通りがかったら背後から猛スピードで突撃し、鋭い口器（注射針のような管）を突き刺して体液を吸う。シンプルな戦術だが、この方法でオオスズメバチやオニヤンマなど、自分より大きい昆虫もしとめることもある。

① 体液を吸い出す口器

シオヤアブが獲物から体液を吸う際に使用する口器は、とても硬くて太く、先端は尖っている。それが人間サイズなら、とんでもない武器だ。

② 飛翔速度は昆虫界一!?

アブの飛翔時の最高速度は時速約145km。これは昆虫界でもトップクラス。アブの仲間であるシオヤアブも、かなりのスピードで飛べる。

ミイデラゴミムシ

最大の武器はガス攻撃!!

レーダーチャート: 凶暴性 / パワー / テクニック / 攻撃力 / 瞬発力 / 体力 / 速さ / 防御力

- 分類 ……… 甲虫目オサムシ上科 ホソクビゴミムシ科
- 生息地域 ……… 日本や中国など、広い地域
- 食性 ……… 小型の昆虫など
- 体長 ……… 25〜35mm ▶ (戦闘体長：109cm)

オナラで外敵を撃退！

ミイデラゴミムシは、外敵に襲われたり、体に物理的な刺激を受けると、ブッという音とともに、お尻から悪臭を伴うガスを噴出する。ガスは非常に高温で、相手が小型の昆虫や爬虫類なら火傷を負わせることもあるという。臭くて熱いガスを浴びせられたら、どんな相手も驚いて逃げ出すはず。ちなみに、オナラのようにガスを噴出することから、「へっぴり虫」とも呼ばれている。

① 前後左右に動く噴射口

腹部の末端にあるガスの噴射口は、あらゆる方向・角度に向けることが可能。どんな状況でも、外敵めがけてガスを噴き出せるというわけだ。

② 火傷を負わせる高温ガス

ガスの温度は100℃以上。昆虫サイズなら量も少ないので人が触れても問題はないが、人間サイズの場合、ガスが直撃すれば致命傷になるだろう。

第1回戦-5

対戦ステージ　森林

昆虫界最速と言われる飛翔能力をもつシオヤアブと、高温ガスが必殺技のミイデラゴミムシ。シオヤアブが有利だが、高温ガスで一発KOも!?

バトルシーン1
相手の様子をうかがい攻め手に欠ける

序盤戦はお互いに牽制モード。シオヤアブは空中を高速飛行しながら攻撃のタイミングをはかり、一方のミイデラゴミムシはシオヤアブに見つからないように葉っぱの影に身を隠してチャンスをうかがっている。

LOCK ON!!

派手な体色
ゴミムシは黒い体色が多いが、ミイデラゴミムシは派手なため、シオヤアブにも見つかってしまうだろう。

シオヤアブの攻撃をかわせるか!?

100℃を超える高温ガス！

バトルシーン 2
シオヤアブの奇襲にカウンターが炸裂

隠れていたミイデラゴミムシを発見し、シオヤアブが側面から襲いかかる。しかし、敵襲に気づいたミイデラゴミムシが尾端を向けて高温ガスを噴射！直撃は避けたものの、シオヤアブはたまらず空中に避難する。

高圧・高温ガス
ミイデラゴミムシのガスは、高温であることは有名だが、じつは高圧ガスの攻撃力も驚異的。人間サイズにすると、鉄筋コンクリートの家屋を吹き飛ばせるほど。

LOCK ON!!

バトルシーン 3
シオヤアブの口器が突き刺さる！

高温ガス噴射の合間を狙って、再びシオヤアブが襲撃。背後から素早く忍び寄り、ミイデラゴミムシの胸部と腹部の間に鋭い口器を突き刺した！相手は、これが致命傷となって動けなくなり、シオヤアブが勝利を手にした。

シオヤアブの勝利！

第1回戦-6
ルブロンオオツチグモ
世界最大級のタランチュラ

レーダーチャート: 凶暴性／パワー／テクニック／攻撃力／瞬発力／体力／速さ／防御力

大きさの比較 — 実際のサイズ／戦闘サイズ

- 分類 ……… クモ目オオツチグモ科
- 生息地域 … 南アメリカ
- 食性 ……… 昆虫・小型動物など
- 体長 ……… 100〜120mm ▶ (戦闘体長：71cm)

鳥をも食らう巨大グモ

ルブロンオオツチグモはギネス記録にも認定されている、世界一巨大なタランチュラ。旧約聖書に登場する巨人ゴライアス(ゴリアテ)にたとえられ、ネズミやトカゲなどの動物はもちろん、鳥類すらも捕食することから「ゴライアスバードイーター」とも呼ばれている。このクモは攻撃的な性質で、大アゴや全身に生えた刺激毛を利用して獲物を狩る。並の昆虫では歯が立たない危険な相手だ。

❶ 大きな鋏角でガブリ！
体が大きいぶん、鋏角(アゴにあたる器官)もかなりデカイ。ほかのクモと比べて、噛む力も強いので、人間でも噛まれるとダメージを負う、危険な昆虫だ。

❷ 全身を覆う刺激毛
ルブロンオオツチグモの全身には強烈なかゆみを引き起こす刺激毛が生えている。敵が近寄ってくるとこの毛を空気中に散布し、牽制するのだ。

オオベッコウバチ

タランチュラを狙うハンター

- 分類 …………… ハチ目ベッコウバチ科
- 生息地域 ………… アメリカ
- 食性 …………… 花の蜜など
- 体長 …………… 約60mm ▶（戦闘体長：147cm）

大きな針で獲物をひと刺し

タランチュラを狙う狩りバチで、「タランチュラホーク」や「ドクグモオオカリバチ」とも呼ばれる。地中に巣穴を作るオオツチグモ科のクモを標的にしており、獲物を見つけると相手を巣穴から地上に引きずり出し、大きな針を刺してしとめる。クモも激しく抵抗するが、その勝率は100%に近いという。ちなみに、タランチュラは幼虫のエサ用であり、成虫自身は花の蜜を吸っている。

1 針も世界最大!?

世界最大のハチとして知られるオオベッコウバチ。体に備わった針もかなりのサイズで、刺されるととてつもない痛みに襲われる。

2 獲物の運搬に使う大アゴ

オオベッコウバチはアゴの力が強く、しとめたクモを口でくわえて、幼虫が待っている巣穴まで引きずっていく。ときには数十メートル運搬することも。

第1回戦-6

対戦ステージ　砂地

本来、オオベッコウバチはルブロンオオツチグモの天敵だが、統一ルールで巨大化したオオベッコウバチは素早さがダウン。逆転劇もあり得る!?

バトルシーン1
序盤から熱い攻防が繰り広げられる

地上戦となった両者の戦いは、序盤からルブロンオオツチグモが前脚や鋏角で積極的にしかける展開に。しかし、オオベッコウバチは大きい体になったものの、反射神経は健在で相手の攻撃を華麗にかわし続ける。

LOCK ON!!

巨大な鋏角
世界最大のクモであるルブロンオオツチグモは鋏角も大きく、オオベッコウバチでも噛まれれば危険だ。

ルブロンオオツチグモが猛ラッシュ！

バトルシーン 2
攻撃の手を緩めないルブロンオオツチグモ

ラッシュをかわして背後に回り込んだオオベッコウバチに対し、ルブロンオオツチグモは後脚で腹部をこすって銛状の刺激毛を飛ばす！ しかし、装甲の厚いオオベッコウバチには効果が低く、ダメージは少なかった。

銛のように刺さる刺激毛！

刺激毛
ルブロンオオツチグモの刺激毛は小型の哺乳類には効果的だが、昆虫であるオオベッコウバチには通用しなかった。

LOCK ON!!

バトルシーン 3
毒針を刺されて万事休す

攻撃手段を失ったルブロンオオツチグモに、オオベッコウバチがついに反撃。毒針を背中に突き刺すと、ルブロンオオツチグモは麻痺してしまう。激しい攻防に見えたが、結果はオオベッコウバチの完勝だった。

オオベッコウバチの勝利！

第1回戦-7

密林の暴君
ペルビアンジャイアントオオムカデ

レーダーチャート: 凶暴性／パワー／テクニック／攻撃力／瞬発力／体力／速さ／防御力

大きさの比較
- 実際のサイズ
- 戦闘サイズ

- **分類** …… オオムカデ目オオムカデ科
- **生息地域** …… 南アメリカ
- **食性** …… 小動物全般
- **体長** …… 200〜400mm ▶ (戦闘体長：360cm)

あらゆる生物が捕食対象

南アメリカの熱帯雨林などに生息する、世界最大級のムカデ。体長が40cmを超える超大型の個体も確認されている。獲物となるのは昆虫類、爬虫類、鳥類、哺乳類などさまざま。気性が荒く獰猛で、相手を選ばず襲いかかり、捕食してしまう。間違いなく危険な生物だが、その巨体にひかれる人間も多く、世界各地でペットとして飼われている。

① 狩りでは毒を用いる
ペルビアンジャイアントオオムカデは獲物を狩る際に毒を用いる。その成分などは不明だが、人間にとっても、危険なものだといわれている。

② 上下方向への移動も得意
体の左右には無数の長い脚が生えており、これが高い機動力を生み出す。獲物を求めて地上を素早く移動するほか、壁や木に登ることも。

044

オオキバヘビトンボ

古代昆虫の風貌と巨大な牙

- 分類 ……… アミメカゲロウ上目ヘビトンボ目ヘビトンボ科
- 生息地域 ……… 中国など
- 食性 ……… 樹液など
- 体長 ……… 約140mm ▶（戦闘体長：318cm）

独特なフォルムの水生昆虫

オオキバヘビトンボは、日本にも生息するヘビトンボの仲間で、ヘビトンボ科のなかでも大型の個体である。頭にはハサミのような大アゴがあり、噛む力も強いことから「蛇蜻蛉」と名づけられた。大アゴによる噛みつき攻撃は強力だが、成虫は樹液を吸って生きているので、無闇にほかの昆虫を襲ったりはしない。とはいえ、体は大きく、戦闘力も決して低くはないだろう。

1 巨大なハサミ状のアゴ

頑丈な頭部には、ハサミ状の大きなアゴがある。昆虫サイズでも、噛まれると傷つく可能性があるほどなので、人間サイズなら強力な武器になるはず！

2 乳白色の大きな翅

トンボの名を冠しているだけあり、背中には立派な翅がついている。トンボほどではないが、この翅で空を縦横無尽に飛び回る。

第1回戦-7

対戦ステージ　草むら

凶暴な性格のペルビアンジャイアントオオムカデが優勢だが、オオキバヘビトンボは、飛翔できる。その特徴を生かせるか!?

バトルシーン1
オオキバヘビトンボの先制攻撃

好戦的なペルビアンジャイアントオオムカデが上体を持ち上げて相手を威嚇。しかし、真っ向勝負を避けたいオオキバヘビトンボは空中から背後に回り込み、大アゴで噛みつき攻撃！裏をかいた先制攻撃が見事に決まる。

飛べないムカデを空中から襲撃！

LOCK ON!!

大アゴ
大きく丈夫なアゴがヘビトンボの武器。その噛みつく習性がヘビを思わせることから名前の由来にもなった。

長い体を巻きつけて応戦！

バトルシーン 2
噛みつき攻撃 vs 締め上げ攻撃

噛みつかれたペルビアンジャイアントオオムカデだったが、すぐさま上体を反転させてオオキバヘビトンボに絡みついて締め上げる。お互いに攻撃の手を緩めることなく、我慢比べが続く膠着状態に入った。

LOCK ON!!

バトルシーン 3
持久戦で体力を奪って毒牙でとどめ！

持久戦になると、体力で勝るペルビアンジャイアントオオムカデが有利。少しずつ体力を奪われて動きが鈍ったオオキバヘビトンボに噛みつき、毒を注入。完全に動けなくなったオオキバヘビトンボの敗北が決まった。

触れられたら必ず反撃
大型のムカデは非常に凶暴な性格で、触れられた相手に対して手当たりしだいに攻撃をしかける。

ペルビアンジャイアントオオムカデの勝利！

第1回戦-8

オオクモヘリカメムシ
「悪臭」という化学兵器

- **分類** ………… カメムシ目カメムシ亜目ヘリカメムシ上科ヘリカメムシ科
- **生息地域** ……… 日本や中国など
- **食性** ………… 木の葉や樹液など
- **体長** ………… 20～25mm ▶（戦闘体長：121cm）

悪臭でどんな相手もKO！

オオクモヘリカメムシはカメムシの仲間。カメムシといえば、体が丸々としたものをイメージする人も多いが、この種はとてもスマートで、こげ茶色の翅をもっている。物理的な刺激を受けると悪臭を発する点は一般的なカメムシと同じ。ただし、その匂いは強烈で、日本に生息するカメムシのなかでもっとも臭いといわれている。あまりの臭さに対戦相手が逃亡し、戦わずして優勝する可能性も!?

① 臭腺から放たれる悪臭
物理的な刺激を受けると、脚のつけ根の部分にある臭腺（臭気のある液体を分泌する器官）から悪臭を放ち、外敵を追い払って身を守る。

② いい匂いのカメムシも!?
オオクモヘリカメムシは、人間でも嫌悪感を抱くほどの悪臭を放つ。しかし、カメムシの仲間には青りんごのような香りのするものもいるという。

クロカタゾウムシ

黒い鎧をまとう小さな戦士

- 分類　　　　甲虫目カブトムシ亜目ゾウムシ科
- 生息地域　　日本やフィリピンなど
- 食性　　　　スダジイなどの葉
- 体長　　　　10〜15mm ▶ (戦闘体長：91cm)

防御力は昆虫界随一

全身が真っ黒で、ひょうたんのような形をしたゾウムシ科の甲虫。とても頑丈な外骨格をもち、昆虫界でもトップクラスの防御力を誇る。「標本にするためにステンレス製の針を刺そうとしたら、体が硬過ぎて針が刺さらなかった」「あまりにも硬過ぎて、鳥に食べられても消化されずに出てきた」など、その頑丈さを示すエピソードも多い。この虫の防御力を突破できる昆虫はいるだろうか。

1 防御性能に特化した外骨格

飛翔能力を犠牲にすることで、クロカタゾウムシは強靭な外骨格を手に入れた。あまりにも硬過ぎて、天敵らしい天敵がいないとまでいわれている。

2 見た目のわりに足は速い

クロカタゾウムシはアリのように素早く走り回ることが可能。高い防御力と機動力が活きる接近戦では、無類の強さを発揮するかもしれない。

第1回戦-8

対戦ステージ　森林

頑丈な外骨格を誇るクロカタゾウムシと強烈な悪臭を放つオオクモヘリカメムシ。一風変わった特徴をもつ2体の対決は予想が難しい。

バトルシーン1
消極的なクロカタゾウムシ

一向に攻める素振りを見せないクロカタゾウムシに、業を煮やしたオオクモヘリカメムシが突進。胴体に口器を突き刺そうとするが、頑丈な外骨格に覆われたクロカタゾウムシはノーダメージ。

攻撃が通じない無敵のボディ

LOCK ON!!

頑丈な外骨格
クロカタゾウムシの外骨格は昆虫界で最も頑丈といわれ、一般的な標本用昆虫針では刺すことができないほど。

バトルシーン2
反撃に転じたが押すことしかできない

いったん、距離をとるオオクモヘリカメムシに、今度はクロカタゾウムシがじわりじわりと詰め寄る。しかし、クロカタゾウムシには相手を押す以外の攻撃手段がないため、決定的なダメージを与えられない。

攻め手に欠けるクロカタゾウムシ

戦闘に不慣れ
その丈夫すぎる外骨格から天敵がいないクロカタゾウムシ。戦う機会がほとんどないため、攻撃手段も乏しい。

LOCK ON!!

バトルシーン3
悪臭攻撃でクロカタゾウムシを撃退

攻めあぐねているクロカタゾウムシの上に覆い被さり、オオクモヘリカメムシが脚の付け根から分泌液を噴射！ 周囲に強烈な悪臭が立ちこめると、たまらずクロカタゾウムシは逃げ出してしまった。

オオクモヘリカメムシの勝利！

エキシビション-1
オオゲンゴロウ（幼虫）
vs
ナンベイオオタガメ

水生昆虫最強を決める世紀の一戦。前脚のカマをもつ分、ナンベイオオタガメが有利に思えるが……。お互いの姿を捕捉すると、両者そろって魚雷のように突進。ほぼ同時に噛みつき合った！ しかし、先に動かなくなったのはナンベイオオタガメのほうだ。どうやら口器（感知や摂取、そしゃくを行う部分）を突き刺す前に前脚でオオゲンゴロウをつかんだため、消化液の注入がワンテンポ遅れ、オオゲンゴロウの毒と消化液が先に体内に回ってしまったようだ。

毒液使いのプレデター
オオゲンゴロウ（幼虫）

- 分類　　　甲虫目ゲンゴロウ科ゲンゴロウ亜科
- 生息地域　日本、中国、シベリアなど
- 食性　　　水生昆虫、ドジョウ、メダカなど
- 体長　　　60～80mm ▶ (戦闘体長：98cm)

オオゲンゴロウは幼虫・成虫ともに肉食だが、今回は攻撃能力がより高い幼虫タイプでエントリー。幼虫時は注射針状の大アゴで噛みつき、獲物を麻痺させる毒と消化液を体内に注入し、液状化した内臓などを食べる。毒は（昆虫サイズのときですら）人の指を壊死させるほどの威力だ。

凶暴な水中のギャング
ナンベイオオタガメ

水生昆虫最強との呼び声高いタガメ。そのなかでも最大種のナンベイオオタガメが参戦だ。カマ状の前脚で敵を捕獲し、針状の口器を突き刺して消化液を送り込んで捕食する。獰猛な性格で知られ、カメやネズミなどの捕食例も報告されている。

- 分類 ····· カメムシ目コオイムシ科タガメ亜科
- 生息地域 ····· 南アメリカ
- 食性 ····· 水生昆虫、魚、カエルなど
- 体長 ····· 100〜120mm ▶（戦闘体長：115cm）

水生昆虫最強の称号を手にするのはどっちだ!?

オオゲンゴロウの勝利！

コラム ②

おもしろい性質の昆虫

生活する場所への適応や食べものをとるために、
いろいろな能力を身につけた昆虫たち。
そうした昆虫たちのなかでも、個性的な性質をもつものを紹介しよう。

ハナカマキリ

花に化ける

ランの花にそっくりな姿をしており、花と間違えて近寄ってきた昆虫を食べる。幼虫はさらに狩りがうまく、ハチをおびき寄せる物質を出して獲物を集める。

- ■分類　カマキリ目ハナカマキリ科
- ■生息地域　東南アジア一帯
- ■食性　ほかの昆虫
- ■体長　35〜70mm

エメラルドゴキブリバチ

洗脳

このハチのメスに毒針を突き刺されたゴキブリは、抵抗する意思をなくしてしまう。そして巣穴へと誘導され、生きたまま幼虫のエサにされてしまうのだ。

- ■分類　ハチ亜目セナガアナバチ科
- ■生息地域　アジア南部、アフリカなど
- ■食性　不明
- ■体長　20〜25mm

ダーウィンズ・バーク・スパイダー

横幅が25mにも達する巨大なクモの巣をはって、引っかかった昆虫を食べる。このクモの糸は、生物が生み出す糸としては最も強度があると言われている。

■分類	クモ目コガネグモ科
■生息地域	マダガスカル
■食性	ほかの昆虫
■体長	5〜20mm

最強の糸

ゴキブリ

病原性大腸菌のような危険な細菌を殺す抗生物質を、脳内で作り出すことができる。ゴキブリたちはこの能力のおかげで不衛生な環境でも生きていられるのだ。

■分類	ゴキブリ目ゴキブリ科
■生息地域	世界中の熱帯〜亜熱帯地方
■食性	樹皮、樹液、動物の死がいなど
■体長	30〜45mm

細菌と共生

キリアツメゴミムシダマシ

乾燥した砂漠に住む昆虫。夜になるとお尻を高く突き上げた姿勢をとり、霧に含まれる細かな水滴を背中にくっつけて集め、飲み水にするという性質をもつ。

■分類	甲虫目ゴミムシダマシ科
■生息地域	ナミビア
■食性	不明
■体長	20mm

水集めの名人

RANKING-1
パワー&攻撃力

トーナメントに参加した昆虫たちの純粋なパワーと攻撃力の強さのランキング。最も攻撃に優れた昆虫は誰だ?

パワーランキング TOP10

1 ヘラクレスオオカブト
自分より大きい相手でも、頭角と胸角の2本で軽々と持ち上げて投げ飛ばす。

2 スマトラオオヒラタクワガタ
重心が低く安定感があるため、体をぶつけ合っての押し合いに有利な体型をしている。

3 コーカサスオオカブト
鋭いツメのついた長い前脚をもつため、踏ん張られると人間の力でも引き離すのは難しい。

4 オオエンマハンミョウ	8 ヒヨケムシ
5 ペルビアンジャイアントオオムカデ	9 リオック
6 ギラファノコギリクワガタ	10 クロドクシボグモ
7 パラポネラ	

攻撃力ランキング TOP10

1 クロドクシボグモ
毒グモとして世界一の猛毒を持ち、わずか0.1mgの毒で人間をも殺してしまう。

2 デスストーカー
サソリのなかでもトップクラスの猛毒で、エサの少ない砂漠地帯で獲物を確実に殺す。

3 スマトラオオヒラタクワガタ
大アゴの挟む力は非常に強力で、カブトムシの頑丈な角も切断するほどの威力がある。

4 ペルビアンジャイアントオオムカデ	8 コーカサスオオカブト
5 オオエンマハンミョウ	9 リオック
6 パラポネラ	10 オオスズメバチ
7 ヘラクレスオオカブト	

第2回戦-1
クロドクシボグモ
ギネス認定の最恐毒グモ

- 分類 …………… クモ目シボグモ科
- 生息地域 ……… 南アメリカ
- 食性 …………… 昆虫・小型動物など
- 体長 …………… 50〜100mm ▶ (戦闘体長：78cm)

大きさの比較 実際のサイズ / 戦闘サイズ

命を脅かす危険な毒

ギネスブックにも認定された、世界一強力な毒をもつクモ。人間が噛まれると、血圧の上昇や呼吸困難といった症状が引き起こされ、約30分で死に至る。1匹のクモがもつ毒の量は8〜10mgほどだが、これだけの量で人間の大人約100人、ネズミ約1000匹を殺すことができる。おもなエサは昆虫類やネズミなどで、特定の場所に巣を作らず、夜になると獲物を探して徘徊するという。

① 致死量はたった0.1mg
クロドクシボグモがもつ神経毒は、たったの0.1mgで人間を死に追いやる。血清が作られたことで死亡事故は減ったが、危険なことに変わりない。

② バナナを日傘代わりに
夜行性であるクロドクシボグモは、日光を避けるためにバナナの房に隠れることがある。このことから「バナナスパイダー」とも呼ばれている。

ギラファノコギリクワガタ

最大・最長のクワガタ！

凶暴性 / パワー / テクニック / 攻撃力 / 瞬発力 / 体力 / 速さ / 防御力

- 分類 …………… 甲虫目クワガタムシ科ノコギリクワガタ属
- 生息地域 ………… 東南アジアの熱帯地域
- 食性 …………… 樹液など
- 体長 …………… 35～120mm ▶（戦闘体長：123cm）

戦闘サイズ / 実際のサイズ

前回の戦い　vs フォツリス・ベルシコロル　P.020

上空から攻めるフォツリス・ベルシコロル、それを地上で迎え撃つギラファノコギリクワガタ。必死で相手の背中に噛みつくものの、硬い外殻に阻まれて決定打を与えられないフォツリス・ベルシコロル。ついにはギラファノコギリクワガタの大アゴに挟まれ、ギブアップすることに。

第2回戦-1

対戦ステージ　**砂地**

猛毒を持つクロドクシボグモと最長の大アゴをもつギラファノコギリクワガタ。高い攻撃力を持つ両者の対戦は一瞬も油断できない。

バトルシーン1
クロドクシボグモの突進を冷静に対処

試合開始とともに動いたのはクロドクシボグモだ。相手に向かって猛突進をしかけるが、ギラファノコギリクワガタは冷静に対応。長い大アゴでクロドクシボグモを挟むと、相手の勢いを利用するようにひっくり返した。

豪快なテイクダウン！

LOCK ON!!

大アゴの長さ
ギラファノコギリクワガタの大アゴの長さは人間サイズにすると約50cm！リーチの差を補って戦える。

バトルシーン 2
自慢の大アゴで締め上げる

ダウンを奪ったギラファノコギリクワガタに攻撃の手を緩める様子はない。大アゴに力を込め、相手の体を締め上げていく。クロドクシボグモは懸命に逃れようとするが苦しそうだ。このまま負けが決まってしまうのか？

LOCK ON!!

鋭い内歯
大アゴの内側にはギザギザの鋭い内歯があり、大アゴ攻撃の威力を最大限に高めている。

バトルシーン 3
最強の毒牙で大逆転勝利

必死で抵抗を続けるクロドクシボグモが、身をよじらせてギラファノコギリクワガタの背中に迫る！鋏角で噛みついて猛毒を流し込むと、ほどなくしてギラファノコギリクワガタは息絶えてしまった。

クロドクシボグモの勝利！

061

第2回戦-2

オオカレエダカマキリ
昆虫界の擬態忍者

レーダーチャート項目：
- 凶暴性
- パワー
- 攻撃力
- 体力
- 防御力
- 速さ
- 瞬発力
- テクニック

- **分類**……………カマキリ目カレエダカマキリ科
- **生息地域**………東南アジア
- **食性**……………昆虫や爬虫類など
- **体長**……………70～200mm ▶（戦闘体長：233cm）

大きさの比較
実際のサイズ ／ 戦闘サイズ

前回の戦い vs ヒヨケムシ　P.024

体が大きく小回りがきかないオオカレエダカマキリに対し、機動力を活かした接近戦をしかけるヒヨケムシ。ヒヨケムシは、敵の攻撃をかいくぐり、鋭い鋏角による一撃で確実にダメージを与えていくが、やがてオオカレエダカマキリに捕まり、胸部を噛まれてノックアウト。

ヘラクレスオオカブト

巨大な角をもつ英雄

- 凶暴性
- パワー
- テクニック
- 攻撃力
- 瞬発力
- 体力
- 速さ
- 防御力

戦闘サイズ / **実際のサイズ**

- 分類 ……… 甲虫目カブトムシ亜目コガネムシ科カブトムシ亜科
- 生息地域 ……… 中央・南アメリカ
- 食性 ……… 樹液や果汁
- 体長 ……… 100〜170mm ▶ 戦闘体長：114cm

攻守で役立つ2本の角

言わずとも知れた世界最大のカブトムシ。ヘラクレス・リッキーやヘラクレス・オキシデンタリスなど、複数の亜種が存在し、日本では本種とともにペットとして高い人気を誇る。一般的なカブトムシと外見が大きく異なり、頭部と胸部から縦に伸びた2本の角（頭角・胸角）が生えている。戦いになると、この角で突いたり、挟んで投げ飛ばすことで外敵を撃退する。

1 上下に動く頭角

目の近くに生えている頭角は、短いが上下に可動する。これを相手の腹下に入れ、頭角と胸角で挟み、投げ飛ばすのである。

2 姿形が異なる亜種

ヘラクレスオオカブトには、本種のヘラクレスのほか、たくさんの亜種がいる。体長や角の大きさなど、それぞれ見た目が微妙に違う。

バトルシーン 2
突然の攻撃にヘラクレスオオカブトも動揺

スキだらけの相手にオオカレエダカマキリが奇襲をしかける！背後から襲いかかると、前脚でヘラクレスオオカブトを押さえ込み、後脚に噛みついた。ヘラクレスオオカブトはふりほどこうと必死だ。

LOCK ON!!

奇襲
カマキリの仲間は待ち伏せからの奇襲が大得意。大型昆虫だけでなく、ヘビや小型の鳥を捕食することもある。

バトルシーン 3
投げ飛ばされたオオカレエダカマキリが逃走！

奇襲に驚いたヘラクレスオオカブトだったが、すぐに冷静さを取り戻した。自慢のパワーで攻撃をふりほどくと、2本の角で持ち上げる。存分に締め上げてから投げ捨てると、たまらずオオカレエダカマキリは逃げ出した！

ヘラクレスオオカブトの勝利！

第2回戦-3 オオエンマハンミョウ

肉食昆虫界の格闘王

レーダーチャート: 凶暴性・パワー・攻撃力・体力・防御力・速さ・瞬発力・テクニック

- **分類** ……… ハンミョウ科 エンマハンミョウ属
- **生息地域** ……… 南アフリカ
- **食性** ……… 昆虫や爬虫類など
- **体長** ……… 45〜70mm ▶（戦闘体長：103cm）

大きさの比較
実際のサイズ／戦闘サイズ

その大アゴであらゆる敵を粉砕

ハンミョウ科の一種、エンマハンミョウの大型種。全身が硬い外骨格で覆われており、甲虫のなかでも屈指の耐久力を誇る。ほかのハンミョウのように空は飛べないが、移動速度がかなり速い。獲物を見つけると素早く近づき、頑強な大アゴで噛みついて切断する。カマキリなどの外皮が柔らかい昆虫はもちろん、同じ甲虫であるカブトムシやクワガタムシでもバラバラにしてしまうことも。

1 なんでも噛みちぎる大アゴ
オオエンマハンミョウの武器は強靭な大アゴ。この大アゴは左右非対称になっており、相手を絞め殺したり、切り裂いたりすることに特化している。

2 強過ぎる闘争本能
非常に好戦的な性格で、相手が自分より大きかろうとガンガン攻めていく。もちろん負けることもあるが、とにかく戦いが大好きなのだ。

リオック
恐怖知らずの戦闘コオロギ

- 分類 ……………… バッタ目キリギリス亜目コロギス上科
- 生息地域 ………… インドネシア
- 食性 ……………… 昆虫や爬虫類など
- 体長 ……………… 60～100mm ▶（戦闘体長：115cm）

前回の戦い　vs カマキリモドキ

P.028

勝負開始とともに、カマキリモドキがカマを広げて激しく威嚇するが、リオックはひるまず突撃。迎撃態勢に入っていたカマキリモドキは、リオックの頭にすかさずカマを振り下ろす。しかし、この攻撃が効かなかったのか、リオックの勢いは止まらず、カマキリモドキは頭を噛まれて敗れた。

第2回戦-3

対戦ステージ 草むら

攻撃力、防御力、瞬発力のすべてで上回るオオエンマハンミョウが優勢か？ リオックは前脚のリーチ差を生かして戦いたいところだ。

バトルシーン1
リーチを生かしてリオックが攻撃

お互いに正面から近づいたが、先制攻撃はリーチで勝るリオックだ。長い前脚でオオエンマハンミョウの上体を押さえ込み、アゴで噛みついた。しかし頑丈な外骨格に阻まれ、ダメージを与えられない！

LOCK ON!!

アゴの威力
リオックのアゴはダンボールを食い破るとも言われているが、頑丈なオオエンマハンミョウには通じない。

硬い外骨格のオオエンマハンミョウはノーダメージ

第2回戦-4

オオスズメバチ

最も危険な昆虫戦闘機

レーダーチャート: 凶暴性 / パワー / テクニック / 攻撃力 / 瞬発力 / 体力 / 速さ / 防御力

大きさの比較
実際のサイズ / 戦闘サイズ

- **分類** ……… ハチ目スズメバチ科スズメバチ亜科スズメバチ属
- **生息地域** ……… アジアの広い地域
- **食性** ……… 小型の昆虫や樹液など
- **体長** ……… 25〜40mm ▶（戦闘体長：134cm）

前回の戦い vs サバクトビバッタ P.032

地上にいるサバクトビバッタを、オオスズメバチが空中から急襲。サバクトビバッタはこれを間一髪で回避し、大ジャンプからの体当たりで反撃するが、決定打には至らなかった。しばらくして再び攻撃をしかけるオオスズメバチ。噛みつき＆毒針でサバクトビバッタをKOする。

オニヤンマ

縦横無尽な空の覇者

レーダーチャート項目：凶暴性／パワー／攻撃力／体力／防御力／速さ／瞬発力／テクニック

- 分類 …… トンボ目トンボ亜目オニヤンマ科
- 生息地域 …… 日本
- 食性 …… 小型の昆虫など
- 体長 …… 90〜110mm ▶（戦闘体長：345cm）

高い飛行能力が魅力

日本の広い地域に生息する超大型のトンボ。4枚の大きな翅を使い、急発進、急旋回、ホバリング（空中停止）と、空中を自由自在に飛び回る。エサとなるのは小型の昆虫類で、おもにガやハエ、セミなど。獲物を見つけると接近し、強靭なアゴによる噛みつき攻撃をお見舞いする。体が大きいこともあり、トンボにしては戦闘力がかなり高く、また、飛行能力も相当に高い。

1 4枚の大きな翅

オニヤンマの飛翔時の速度は時速70km前後と、昆虫にしてはかなり速い。これだけの速度が出せるのは、背中に生えた4枚の巨大な翅のおかげだ。

2 素手で触るのは危険!?

オニヤンマはアゴの力がかなり強く、人間が噛まれると出血することもあるという。小型の昆虫であれば、一瞬で噛み殺されてしまうだろう。

華麗な飛行テクニックからの噛みつき攻撃

バトルシーン2

オオスズメバチが打ち疲れ!?

すべての攻撃をかわされ、体力自慢のオオスズメバチも疲れが見えはじめる。そこに、オニヤンマが反撃。フェイントを入れつつ機敏な動作で背後に回り込み、背中へと噛みついた! オオスズメバチは必死で抵抗を続ける。

空中戦の機動力
人間サイズになったオニヤンマのスピードはF1マシン並になる可能性がある。オオスズメバチはどうやってもオニヤンマから逃れることはできないだろう。

バトルシーン3

地上戦にもつれ込んだ死闘の行方は?

LOCK ON!!

もみ合いながら落下した両者は、そのまま地上戦に移行した。しかし、背中を負傷したオオスズメバチは少しずつ動きが鈍くなっていく。ついには抵抗する力を失い、今回のライバル対決はオニヤンマに軍配が上がった。

オニヤンマの勝利!

コラム❸
巣を作って集団生活する昆虫

昆虫たちのなかには、何千何万という集団を作って生活するものもいる。そうした昆虫は、集団の拠点となる巨大な巣を作ることが多い。どんな昆虫がどのような巣を作るのか、見てみよう。

巨大な巣を作る昆虫の仲間

巣を作って集団生活をする昆虫は、ハチやアリの仲間に多い。また、それ以外ではシロアリの仲間も立派な巣を作ることが知られている。多くのハチは植物の繊維や泥、ハチ自身が作り出したロウなどを使って巣を作る。アリやシロアリはおもに土や枯れ木を掘って巣を作るが、土を高く積み上げて内部に巣を作る場合もある。

クロオオアリ

オオスズメバチ

集団の中での役割

ハチやアリ、シロアリなどの同じ巣で生活する集団は、それ自体がひとつの家族である。ほとんどの昆虫たちは自分の卵や子どもの世話をすることがないが、家族で生活する昆虫たちは卵や子どもを大切に育てる。そして成長した子どもたちが家族の一員に加わることによって、より大家族になっていくのだ。家族には役割が決まっていて、それぞれが自分の仕事をしっかりこなすことによって、集団生活が成り立っている。

女王アリ・ハチ 卵を産む個体。働き手が育つまでは子育てもする。

働きアリ・ハチ 食料探しや子育てをする。集団のほとんどがこれ。

オスアリ・ハチ 繁殖期に巣を離れ、新しい女王の夫になる候補者。

アリの巣の内部はどうなっている?

　ハチやアリたちが作る巣は複雑な構造になっており、巣の外からでは内部の様子を見ることはできない。そこで、ここでは一般的なアリの巣がどのような構造になっているのか、イラストで解説する。なお、イラストは簡略化したもので、実際のアリの巣はもっと部屋数が多く、通路も網の目のように複雑なものがほとんどだ。

第2回戦-5 コーカサスオオカブト

ケンカ好きの暴れん坊

- 分類 ……………… 甲虫目 コガネムシ科カブトムシ亜科
- 生息地域 ………… 東南アジア
- 食性 ……………… 樹液など
- 体長 ……………… 60〜130mm ▶戦闘体長：86cm

3本の角で敵を粉砕

コーカサスオオカブトは、東南アジアのスマトラ島やジャワ島などに生息する大型のカブトムシ。アジア最大のカブトムシといわれ、大きいものは体長130mmまで成長する。その体には3本の凛々しい角が生えており、戦闘では頼もしい武器になる。また、性格はオスメスともに気性が荒く、非常に好戦的。倒した相手を攻撃し続け、バラバラにすることもあるなど、とにかく凶暴性が高い。

① 大きくて立派な角
コーカサスオオカブトは頭部に1本、前胸背板に2本の大きな角が生えている。角の先端はとても鋭く、突き刺されたら大ダメージ必至だ。

② 鋭い爪が生えた脚
細長い脚の先端には、湾曲した鋭い爪が生えている。戦闘中は敵が左右に逃げないように、この脚を使って動きを封じ、角で挟んで投げ飛ばすのだ。

シオヤアブ

昆虫界の突撃兵

- 凶暴性
- パワー
- テクニック
- 攻撃力
- 瞬発力
- 体力
- 速さ
- 防御力

戦闘サイズ / 実際のサイズ

- 分類 ………… ハエ目ムシヒキアブ科 シオヤアブ亜科
- 生息地域 …… 日本各地
- 食性 ………… 小型の昆虫など
- 体長 ………… 20～30mm ▶ 戦闘体長：147cm

前回の戦い vs ミイデラゴミムシ　P.038

草木で身を隠すミイデラゴミムシを、シオヤアブが強襲。これを回避したミイデラゴミムシは、すぐに高温ガスを噴射するが、高速で飛翔するシオヤアブには届かない。やがてガスが切れると、シオヤアブが距離をつめてミイデラゴミムシの体をひと刺し。これで決着がついた。

第2回戦-5

対戦ステージ　森林

昆虫界屈指のスピードを誇るシオヤアブと、攻守に優れるコーカサスオオカブト。奇襲型のシオヤアブは短期決戦を狙いたい。

バトルシーン 1
速さに翻弄されるコーカサスオオカブト

試合開始と同時にシオヤアブが飛び立ち、上空を素早く旋回。木に止まって様子をうかがっていたコーカサスオオカブトだが、あまりのスピードに見失ってしまう。そこへシオヤアブが突進をしかけ、体当たりを食らわせる。

LOCK ON!!

飛翔速度は昆虫界最速

シオヤアブは、昆虫サイズでもジェットコースター並みのスピードで飛ぶことがある。それが人間サイズになれば、その速さはジェット機レベルにまで達するかもしれない。

最速のハンターが上空から襲撃

078

バトルシーン 2
得意の奇襲パターンが通じない！

奇襲が成功したかに見えたシオヤアブだったが、必殺の口器は外骨格に阻まれて不発。再び飛んで距離を取ろうとしたが、コーカサスオオカブトがそれを許さない。自慢のパワーで押し倒し、地上戦に持ち込む。

LOCK ON!!

コーカサスオオカブトが反撃を開始

太い口器
シオヤアブは突き刺した口器から相手の体内に消化液を流し込むが、外骨格を突き破ることはできなかった。

バトルシーン 3
フィニッシュホールドが決まる！

シオヤアブを押さえ込んだコーカサスオオカブトは、追撃の手を緩めず3本の角でがっちりとホールド！ こうして持久戦になったところで勝負あり。なすすべもなくぐったりとしたシオヤアブの敗北が決まった。

コーカサスオオカブトの勝利！

第2回戦-6 オオベッコウバチ

タランチュラを狙うハンター

凶暴性 / パワー / テクニック / 攻撃力 / 瞬発力 / 体力 / 速さ / 防御力

- 分類 ……… ハチ目ベッコウバチ科
- 生息地域 …… アメリカ
- 食性 ……… 花の蜜など
- 体長 ……… 約60mm ▶（戦闘体長：147cm）

大きさの比較

実際のサイズ / 戦闘サイズ

前回の戦い vs ルブロンオオツチグモ　P.042

前脚や鋏角を使って攻撃をしかけるルブロンオオツチグモだが、オオベッコウバチはことごとく攻撃を回避。ルブロンオオツチグモの刺激毛もほとんど効果がなく、一瞬のスキをついてオオベッコウバチがルブロンオオツチグモに毒針を刺し、麻痺させたことで勝負がついた。

デスストーカー
冷酷・非情な追跡者

- 分類 …………… クモ綱サソリ目キョクトウサソリ科
- 生息地域 ……… 中東・ヨーロッパなど
- 食性 …………… 昆虫など
- 体長 …………… 50～100mm ▶（戦闘体長：277cm）

狙った獲物は逃さない！

強力な毒をもつサソリが多いキョクトウサソリ科のなかでも、毒性が高く最も危険だというデスストーカー。動きも速く、執拗に獲物を追いかける姿から、このような名前で呼ばれている。また、体に不釣合いな大きな尻尾が生えているため、日本では「オブトサソリ」とも呼ばれる。尻尾の先端には強力な毒を注入するための鋭い針があり、獲物を狩るときや外敵に襲われた際に使用する。

1 獲物を確実にしとめる毒

獲物が少ない砂漠に生息するデスストーカー。狩りの成功率を少しでも上げる必要があったため、強い毒をもつように進化したといわれている。

2 夜になると活動開始

夜行性なので昼間は日陰で休み、夜になると獲物を探してさまよう。動作が機敏で歩行速度もかなり速く、狙った獲物をどこまでも追いかける！

第2回戦-7

パラポネラ
世界で最も危険なアリ

ステータス: 凶暴性／パワー／攻撃力／体力／防御力／速さ／瞬発力／テクニック

- 分類……………ハチ目アリ科サシハリアリ亜科
- 生息地域………中央・南アメリカ
- 食性……………節足動物や甘露など
- 体長……………20〜30mm ▶ 戦闘体長：180cm

大きさの比較 — 実際のサイズ／戦闘サイズ

刺されると死ぬほど痛い！

熱帯雨林などに生息する巨大なアリ。このアリはお尻にある鋭い針を用いて、獲物となる節足動物を狩る。命を脅かすほどの毒はもっていないが、アナフィラキシーショックを起こす可能性がある。また、刺されたときに生じる痛みは相当なもので、あらゆるアリ＆ハチのなかで、最も痛みが激しいといわれている。「バレットアント（銃弾アリ）」というあだ名がつけられるのも納得だ！

① アリらしからぬ巨体

アリ科のなかでも最大級の大きさを誇るパラポネラ。そんな巨大アリが、ひとつの巣に数百〜数千匹も集まって生活しているというのだから驚きだ。

② 24時間続く痛み!?

パラポネラに刺されてから痛みがひくまで、24時間はかかるといわれている。また、ハチと同様に、アナフィラキシーショックで死ぬこともある。

ペルビアンジャイアントオオムカデ

密林の暴君

レーダーチャート項目：凶暴性／パワー／攻撃力／体力／防御力／速さ／瞬発力／テクニック

ランク：S

- 分類 ………… オオムカデ目オオムカデ科
- 生息地域 …… 南アメリカ
- 食性 ………… 小動物全般
- 体長 ………… 200～400mm ▶（戦闘体長：360cm）

戦闘サイズ／実際のサイズ

前回の戦い　vs オオキバヘビトンボ　P.046

相手の背後に回り込むオオキバヘビトンボ。ペルビアンジャイアントオオムカデは、すかさず体を反転させ、オオキバヘビトンボに絡みついて締め上げる。続けてペルビアンジャイアントオオムカデは鋭い牙で追撃。この攻撃をまともに受けたオオキバヘビトンボはダウンした。

第2回戦-7

対戦ステージ　砂地

昆虫サイズでは10倍以上の体長差があるが、統一ルールによりハンデは大きく減少。最強のアリと呼び声高いパラポネラの奮闘に期待。

バトルシーン1
パラポネラの頭脳プレーが光る

試合開始と同時に、パラポネラが敵の周囲をグルグルと回りはじめる。予想外の動きにペルビアンジャイアントオオムカデは対応が遅れてしまう。そんな無防備な胴体めがけて、パラポネラが毒針を突き刺した！

敵を翻弄したところで毒針の一撃！

LOCK ON!!

パラポネラ最強の武器
体重統一ルール時におけるパラポネラの毒針の長さは約15cm。人の胸に刺されば、簡単に心臓を貫いてしまう。

第2回戦-8
オオクモヘリカメムシ

「悪臭」という化学兵器

凶暴性 / パワー / テクニック / 攻撃力 / 瞬発力 / 体力 / 速さ / 防御力

大きさの比較
実際のサイズ / 戦闘サイズ

- 分類 …… カメムシ目カメムシ亜目ヘリカメムシ上科ヘリカメムシ科
- 生息地域 …… 日本や中国など
- 食性 …… 木の葉や樹液など
- 体長 …… 20〜25mm ▶（戦闘体長：121cm）

前回の戦い vs クロカタゾウムシ　P.050

先制攻撃をしかけたのはオオクモヘリカメムシ。相手の体に口器を突き刺そうとするが、クロカタゾウムシの硬い外骨格に阻まれてしまう。そこで、オオクモヘリカメムシは悪臭を放出。この臭いに耐えられず、クロカタゾウムシは敵前逃亡。オオクモヘリカメムシの勝利となった。

スマトラオオヒラタクワガタ

ジャングルの重戦車

- 分類 ……… 甲虫目クワガタムシ科オオクワガタ属ヒラタクワガタ亜属
- 生息地域 ……… インドネシア
- 食性 ……… 樹液など
- 体長 ……… 30〜100mm ▶ (戦闘体長：130cm)

近接戦闘のスペシャリスト

スマトラオオヒラタクワガタは、日本にも生息しているヒラタクワガタの亜種。ヒラタクワガタのなかでも体が大きく、体長が100mmを超える個体も確認されている。ヒラタクワガタ全般にいえることだが気性が荒く攻撃的な性格で、戦いになると積極的に相手に攻撃をしかけていく。どっしりした体と頑丈な大アゴは、戦いにおいて強力な武器となり、接近戦では無類の強さを発揮するだろう。

1 肉厚で頑強な胴体

スマトラオオヒラタクワガタの体は平べったく、ずっしりしていて安定感バツグン。大きい個体は横幅もあり、まさに昆虫界の重戦車！

2 太くて短い大アゴ

大アゴはほかのヒラタクワガタと比べてやや短いが、そのぶん挟む力はとても強い。自分より大きな相手をつかんで投げ飛ばすこともある。

バトルシーン 2
スキのない絶対的な強者

周囲に強烈な臭いが立ちこめるなか、勝機を探すオオクモヘリカメムシ。しかし、そんなスキは与えないとばかりにスマトラオオヒラタクワガタが反撃。大アゴで相手を挟み込み、高々と持ち上げる！

LOCK ON!!

強力なホールド
胴体ごとホールドされては、オオクモヘリカメムシには、そこから脱出する術はない。

毒ガスに耐え大アゴで捕獲！

バトルシーン 3
予想通りの一方的な展開に

悪臭を嫌ったスマトラオオヒラタクワガタは、相手を持ち上げたまま場所を移動する。そして臭いが届かなくなったところで戦闘再開。地面に叩きつけられたオオクモヘリカメムシは、完全に戦意を喪失していた。

スマトラオオヒラタクワガタの勝利！

エキシビション-2
メガネウラ
vs
アースロプレウラ

　史上最大の昆虫と史上最大の節足動物、すでに絶滅した猛者同士が実寸サイズで戦うドリームマッチが実現。アースロプレウラは巨体を引きずりながら地上を這い回るが、まだ敵に気づいていない様子。先に敵影をとらえたのは、木の枝にとまっていたメガネウラだ。グライダーのように滑空し、地上のアースロプレウラめがけて一直線に噛みつきにいった！　しかし、一撃でしとめ損ねたメガネウラはアースロプレウラの巻きつき＆噛みつきの反撃をくらい、息絶えてしまった。

凶暴性／パワー／攻撃力／体力／防御力／速さ／瞬発力／テクニック

実際のサイズ

史上最大の昆虫
メガネウラ

- 分類 ……………… オオトンボ目メガネウラ科
- 生息地域 ………… ヨーロッパ、北アメリカなど
- 食性 ……………… 詳細不明
- 翼開長 …………… 60〜70cm

　2億9000万年前の森林に生息していた巨大トンボ。翼長60〜70センチで、現在知られているなかで最大の昆虫。食性は不明だが、化石からは大きな下アゴが確認されていて、現在のトンボと同じく肉食だったのでは、と推測されている。

史上最大の節足動物
アースロプレウラ

3億5000万年前の森林に生息していた巨大節足動物。ムカデやヤスデに似た姿をしていて、幅45センチ・体長2～3メートルという史上最大の節足動物。化石の消化管から植物の胞子の一部が確認されていて、落ち葉などを主食とする草食性と考えられている。

- 分類 …………… アースロプレウラ科
- 生息地域 ……… 北アメリカなど
- 食性 …………… 詳細不明
- 体長 …………… 200～300cm

凶暴性 / パワー / 攻撃力 / 体力 / 防御力 / 速さ / 瞬発力 / テクニック

実際のサイズ

巨大トンボと巨大節足動物、絶滅種同士の夢の対決！

アースロプレウラの勝利！

コラム ❹
タフな環境で生き抜く昆虫

地上や空、水中など、昆虫たちはあらゆる場所にすみかを広げている。
そのなかには、生き物がすむには厳しすぎる環境も多い。
だが、そうした場所でも生きていける、すごい昆虫もいるのだ。

最強生物？　クマムシの実力

ふつうの生物は、極端な高温や低温、乾燥などを苦手としており、耐えられる限界を超えれば死んでしまう。だが、クマムシという生物は、こうした悪条件をものともしない生存能力をもっているのだ。なんと人間が浴びれば死んでしまう量の放射線にも耐える力があり、その驚くべき生存能力から、「最強生物」とも呼ばれている。

クマムシ

周囲が乾燥すると体内の水分を極限まで減らして「乾眠」という状態になり、とてつもない生存能力を発揮。これまでに1000種類以上の仲間が発見されている。

■分類	脱皮動物上門緩歩動物門
■生息地域	世界中の水分のある場所
■食性	藻類、線虫など
■体長	0.05〜1.7mm

無敵の耐久力

クマムシの驚くべき生存能力（乾眠時）

温度	高温は151度、低温は−273度（絶対零度）近くまで耐える
乾燥	体重の85%を占める水分が約3%以下に減っても生存可能
圧力	真空から75000気圧まで耐え、1万メートルの深海でも平気
放射線	人間が死ぬ量の1000倍の放射線を浴びても耐えられる

その他のすごい生存能力をもつ昆虫たち

クマムシは乾眠状態になることで抜群の生存能力を見せる生物だが、ほかにも、生物が生きていくことが難しい極限の環境でも、乾眠することなくふつうに生活している昆虫たちもいる。ある意味ではクマムシ以上ともいえる、驚異的な昆虫たちを紹介しよう。

セキユバエ

原油はほとんどの生物にとって有害だが、このハエの幼虫はその原油の中で生活するという変わり者。原油に落ちた昆虫などを食べていると言われている。

- ■分類　ハエ目ミギワバエ科
- ■生息地域　アメリカ
- ■食性　他の昆虫（幼虫）
- ■体長　5〜12mm(幼虫)

原油の中で生活

ダイオウグソクムシ

水深200〜1000mほどの深海にすむ。長期間食事をしなくても平気で、水族館で飼育されていたときに5年以上食事をしなかった例も観察されている。

- ■分類　等脚目スナホリムシ科
- ■生息地域　西大西洋周辺の深海
- ■食性　生物の死がい
- ■体長　200〜500mm

深海の水圧もへっちゃら

サツマハオリムシ

海中の猛毒の硫化水素を含む火山性ガスが噴出している場所にすむ。体内に硫黄細菌がいて、細菌の働きで海水に含まれる硫化水素を栄養分に変えている。

- ■分類　ケヤリムシ目シボグリヌム科
- ■生息地域　鹿児島湾
- ■食性　硫黄細菌から得られる有機化合物
- ■体長　500〜2000mm

猛毒の硫化水素が栄養源

RANKING-2 体力&防御力

持久戦に有利な体力自慢は、長距離飛行が得意な昆虫が上位に。防御力では硬い外骨格に覆われた甲虫が上位を占めた。

体力ランキング TOP10

1 オオスズメバチ
体力の秘訣は幼虫から摂取する栄養液。1日100kmも飛び続けることができる。

2 オニヤンマ
ホバリングが得意で、空中で静止したまま長い間飛び続けることができる。

3 シオヤアブ
口器で獲物を突き刺したあと、息絶えるまで暴れる相手を辛抱強く抱え込む。

4 オオエンマハンミョウ
5 パラポネラ
6 ペルビアンジャイアントオオムカデ
7 オオベッコウバチ
8 ヘラクレスオオカブト
9 コーカサスオオカブト
10 スマトラオオヒラタクワガタ

防御力ランキング TOP10

1 クロカタゾウムシ
昆虫界で最も頑丈な外骨格を持ち、ステンレス製の標本針も刺さらないほど。

2 オオエンマハンミョウ
外骨格が硬いだけではなく、俊敏性も高いため、効果的なダメージを与えにくい。

3 スマトラオオヒラタクワガタ
丈夫な外骨格に加えて、長く発達した大アゴが相手の攻撃を牽制する役目も果たす。

4 ヘラクレスオオカブト
5 コーカサスオオカブト
6 ギラファノコギリクワガタ
7 ペルビアンジャイアントオオムカデ
8 オオスズメバチ
9 ミイデラゴミムシ
10 クロドクシボグモ

準々決勝-1

クロドクシボグモ

ギネス認定の最恐毒グモ

- 分類 ──── クモ目シボグモ科
- 生息地域 ── 南アメリカ
- 食性 ──── 昆虫や爬虫類など
- 体長 ──── 50～100mm ▶（戦闘体長：78cm）

大きさの比較
実際のサイズ　　戦闘サイズ

前回の戦い vs ギラファノコギリクワガタ　P.060

戦いがはじまると同時にしかけるギラファノコギリクワガタ。その長大な大アゴでクロドクシボグモをガッチリ挟み、力いっぱい締め上げる。クロドクシボグモは激しく抵抗し、ギラファノコギリクワガタをひと噛み。この一撃で毒がまわり、ギラファノコギリクワガタは倒れてしまう。

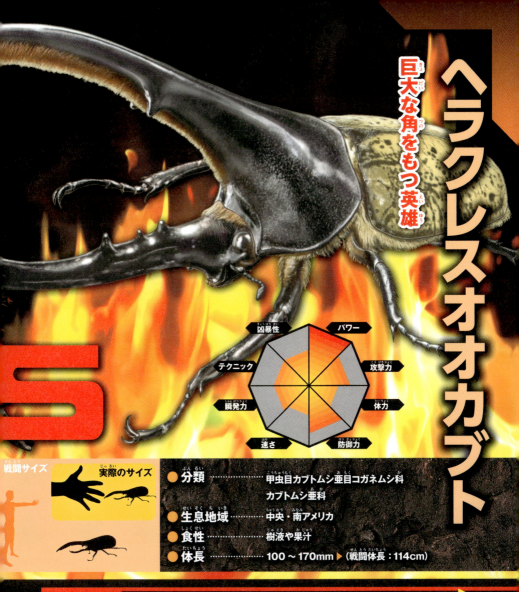

ヘラクレスオオカブト

巨大な角をもつ英雄

ステータス
- 凶暴性
- パワー
- テクニック
- 攻撃力
- 瞬発力
- 体力
- 速さ
- 防御力

- **分類**……………甲虫目カブトムシ亜目コガネムシ科カブトムシ亜科
- **生息地域**………中央・南アメリカ
- **食性**……………樹液や果汁
- **体長**……………100〜170mm ▶ 戦闘体長：114cm

戦闘サイズ / 実際のサイズ

前回の戦い vs オオカレエダカマキリ　P.064

樹木の枝に擬態するオオカレエダカマキリ。これを見抜けなかったヘラクレスオオカブトは、背後から奇襲を受ける。襲いかかってきたオオカレエダカマキリを振り払い、反撃に転じるヘラクレスオオカブト。2本の角でオオカレエダカマキリを挟み、勢いよく投げ飛ばして勝利した。

準々決勝-1

対戦ステージ　砂地

パワーと防御力で勝るヘラクレスオオカブトだが、クロドクシボグモの猛毒を喰らえば危険。間合いの取り方が勝負の分かれ目か。

バトルシーン1
両者とも慎重に様子をうかがう

威嚇のポーズを繰り返し、闘争心をあらわにするクロドクシボグモ。一方、ヘラクレスオオカブトは鋭角に噛まれないように、長い頭角を突きつけて距離を保つ。お互いに攻めあぐねているような立ち上がりだ。

体を大きく見せて威嚇のポーズ！

LOCK ON!!

致死性の高い猛毒
昆虫サイズですら、100人分の致死量に相当する毒を持っているクロドクシボグモ。人間サイズになれば、その毒は数千〜数万の人間を殺せるだろう。

バトルシーン 2
動き出しを狙うヘラクレスオオカブト

沈黙を破ったのはクロドクシボグモ。素早いサイドステップで角を避け、ヘラクレスオオカブトの側面を狙う。しかし、この動きを予測していたのか、ヘラクレスオオカブトの2本の角が相手の軸足を捉えた！

相手が攻める瞬間にカウンター攻撃

角で脚を狙う
機動力を生かしたいクロドクシボグモだが、その脚をヘラクレスオオカブトが潰しにかかる。

LOCK ON !!

バトルシーン 3
機動力を奪われたクロドクシボグモ

2本の角に挟まれ、クロドクシボグモの脚が破壊されてしまう。それでも鋏角で噛みつこうとするが、ヘラクレスオオカブトのほうが早かった。持ち上げられて地面に叩きつけられると、動けなくなってしまう。

ヘラクレスオオカブトの勝利！

準々決勝-2

オオエンマハンミョウ
肉食昆虫界の格闘王

レーダーチャート: 凶暴性／パワー／攻撃力／体力／防御力／速さ／瞬発力／テクニック

- 分類 …… ハンミョウ科 エンマハンミョウ属
- 生息地域 …… 南アフリカ
- 食性 …… 昆虫や爬虫類など
- 体長 …… 45〜70mm ▶ (戦闘体長：103cm)

大きさの比較
実際のサイズ ／ 戦闘サイズ

前回の戦い vs リオック

闘争心むき出しのリオック。正面からオオエンマハンミョウに攻撃をしかけるが、頑丈な外骨格に阻まれ、満足にダメージを与えられない。すぐに反撃に転じたオオエンマハンミョウは、リオックを押し倒し、強力なアゴで腹に噛みつく。これが決定打となり、リオックは敗れた。

P.068

オニヤンマ

縦横無尽な空の覇者

- 凶暴性
- パワー
- テクニック
- 攻撃力
- 瞬発力
- 体力
- 速さ
- 防御力

戦闘サイズ / **実際のサイズ**

- 分類 …………… トンボ目トンボ亜目オニヤンマ科
- 生息地域 ……… 日本
- 食性 …………… 小型の昆虫など
- 体長 …………… 90～110mm ▶ 戦闘体長：345cm

前回の戦い vs オオスズメバチ　P.072

空中戦をしかけるオオスズメバチだったが、相手は飛行能力に優れたオニヤンマ。攻撃が当たらず、逆に反撃されてしまう。その後、2体は地上に落下。壮絶な噛みつきあいを繰り広げるが、空中戦でダメージを受けていたオオスズメバチは苦戦を強いられ、オニヤンマに敗北した。

準々決勝-2

対戦ステージ **森林**

飛行能力を生かした攻撃が予想されるオニヤンマ。対するオオエンマハンミョウは何とかして地上戦に持ち込みたいところだ。

バトルシーン1
我が物顔で空を飛んで敵を翻弄

先手を取りたいオオエンマハンミョウだが、空中を飛ぶオニヤンマには攻撃が届かない。逆に、オニヤンマに背後に回り込まれて噛みつかれてしまう。しかし、頑丈な外骨格のおかげでダメージは軽微だった。

LOCK ON!!

空中から背後を急襲！

ホバリング
飛行能力に長けたオニヤンマはホバリングも得意で、空中で停止しながら冷静に相手の様子をうかがえる。

バトルシーン 2
空に逃がしたくないオオエンマハンミョウ

再び上空に飛び立とうとしたオニヤンマだったが、一瞬早くオオエンマハンミョウが反撃。勢いよく大アゴを振るい、オニヤンマの翅を噛みちぎった！バランスを失ったオニヤンマは地上に落下してしまう。

オニヤンマの翅を噛みちぎる！

LOCK ON!!

トンボの翅
トンボは4枚の翅のうち1枚を失っても飛ぶことができるが、急な出来事にバランスを崩してしまった。

バトルシーン 3
地上戦に持ち込んだ結果…

オオエンマハンミョウの素早い攻勢に対し、オニヤンマも地上で迎撃することを決意する。しかし、攻守で勝るオオエンマハンミョウが終始圧倒。わずか数分でオニヤンマは息絶えてしまった。

オオエンマハンミョウの勝利！

準々決勝-3

コーカサスオオカブト

ケンカ好きの暴れん坊

レーダーチャート: 凶暴性／パワー／攻撃力／体力／防御力／速さ／瞬発力／テクニック

- **分類**……………甲虫目 コガネムシ科カブトムシ亜科
- **生息地域**………東南アジア
- **食性**……………樹液など
- **体長**……………60～130mm ▶ 戦闘体長：86cm

大きさの比較
実際のサイズ ／ 戦闘サイズ

前回の戦い vs シオヤアブ　P.078

コーカサスオオカブトを不意打ちしたシオヤアブ。口器を刺して体液を吸おうとするが、コーカサスオオカブトの鎧のような外骨格を貫けず、逆に押し倒されてしまう。コーカサスオオカブトは3本の角でシオヤアブをガッチリとホールド。万策尽きたシオヤアブの負けとなった。

デスストーカー

冷酷・非情な追跡者

レーダーチャート: 凶暴性 / パワー / テクニック / 攻撃力 / 瞬発力 / 体力 / 速さ / 防御力

- 分類：クモ綱サソリ目キョクトウサソリ科
- 生息地域：中東・ヨーロッパなど
- 食性：昆虫など
- 体長：50～100mm（戦闘体長：277cm）

戦闘サイズ / 実際のサイズ

前回の戦い vs オオベッコウバチ

P.082

ハサミを大きく広げて威嚇するデスストーカーに対し、オオベッコウバチは一気に距離をつめ、噛みつき攻撃。しかしその直後、デスストーカーが尻尾の毒針をオオベッコウバチめがけて振り下ろす。これがオオベッコウバチの体に刺さり、デスストーカーが勝利をおさめた。

準々決勝-3

対戦ステージ **草むら**

一撃必殺の毒針を持つデスストーカーが有利か。コーカサスオオカブトは長い尾をかわしつつ、力でねじ伏せられるか。

バトルシーン1
正面からぶつかり合う両者

LOCK ON!!!

1m以上ある毒針の尾を見せつけながら待ち受けるデスストーカーに、コーカサスオオカブトが正面から突進！ 鋭いツメを持つ脚でしっかりと踏ん張り、デスストーカーをグイグイと押し込んでいく。

むき出しの闘争心
コーカサスオオカブトはカブトムシのなかでも闘争本能が強い。これは、肉食ではない昆虫としては非常に珍しい。

力ではコーカサスオオカブトが有利！

バトルシーン 2
長い尾 vs 3本の角
互いの武器の応酬

後退するデスストーカーの頭部に角を滑り込ませたコーカサスオオカブト。3本の角で挟み込むと自慢の力で持ち上げる！ デスストーカーは毒針攻撃を狙うも、首の狭い節にヒットせず、投げ飛ばされてしまった。

デスストーカーを投げ飛ばす！

LOCK ON!!

背中の隠し武器
コーカサスオオカブトの頭部と胸部の節目は爪切りのような構造になっていて、デスストーカーもうかつに尾で攻撃できない。

バトルシーン 3
一撃必殺の毒針で大逆転勝利！

投げ飛ばされて戦意を失いかけているところへ、コーカサスオオカブトがしとめにかかる。しかし、もう一度投げ飛ばそうと頭を下げた瞬間、大きく開いた首の節目にデスストーカーの毒針が突き刺さった！

デスストーカーの勝利！

準々決勝-4

ペルビアンジャイアントオオムカデ

密林の暴君

- 分類……………オオムカデ目オオムカデ科
- 生息地域………南アメリカ
- 食性……………小動物全般
- 体長……………200～400mm ▶（戦闘体長：360cm）

大きさの比較
実際のサイズ / 戦闘サイズ

前回の戦い vs パラポネラ

P.086

相手の側面に回り込んだパラポネラは、ペルビアンジャイアントオオムカデの体に針を突き刺し、さらに噛みつき攻撃を繰り出す。しかし、ペルビアンジャイアントオオムカデはその長い体でパラポネラを締め上げ、動きを封じることに成功。パラポネラは抵抗できず、敗北した。

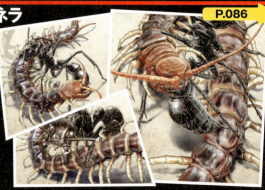

スマトラオオヒラタクワガタ
ジャングルの重戦車

レーダーチャート:
- 凶暴性
- パワー
- テクニック
- 攻撃力
- 瞬発力
- 体力
- 速さ
- 防御力

戦闘サイズ / 実際のサイズ

- 分類 ……… 甲虫目クワガタムシ科 オオクワガタ属ヒラタクワガタ亜属
- 生息地域 ……… インドネシア
- 食性 ……… 樹液など
- 体長 ……… 30～100mm ▶（戦闘体長：130cm）

前回の戦い　vs オオクモヘリカメムシ

P.090

オオクモヘリカメムシが悪臭を放つが、スマトラオオヒラタクワガタには効果なし。「次はおれの番だ」と言わんばかりに、スマトラオオヒラタクワガタはオオクモヘリカメムシに近づき、大アゴで挟んで押さえ込む。ここで試合終了。スマトラオオヒラタクワガタの勝利となった。

準々決勝-4

対戦ステージ　**砂地**

長期戦になれば生命力の強いペルビアンジャイアントオオムカデが有利か。スマトラオオヒラタクワガタは短期決戦を狙いたい。

バトルシーン1
序盤から大技が決まる波乱の展開

上体を起こして威嚇するペルビアンジャイアントオオムカデ。これに対し、スマトラオオヒラタクワガタはひるむことなく正面から攻撃をしかける。大アゴで下から相手の頭部を挟み込み、有利な体勢をとった。

スマトラオオヒラタクワガタに威嚇は通じない!

LOCK ON!!

威嚇のポーズ
ペルビアンジャイアントオオムカデは首を持ち上げて威嚇するが、それが仇となり頭部を挟まれてしまった。

バトルシーン 2
お互いに正念場を迎えた中盤戦

頭部を挟まれたペルビアンジャイアントオオムカデが、慌てて相手に巻きついた！ スマトラオオヒラタクワガタは締めつけられて苦しそうな様子だが、大アゴの力を緩めることなく必死で応戦する。

先に体力を失ったほうが負ける!?

LOCK ON!!

噛みつき合う両雄
ペルビアンジャイアントオオムカデのアゴも強力なパワーをもつが、序盤のダメージが影響して威力が半減している。

バトルシーン 3
起死回生の大アゴ攻撃！

根比べが続くなか、スマトラオオヒラタクワガタが最後の力を振り絞る！ 自然界でもカブトムシを両断するパワーを持つ強力な大アゴが、ペルビアンジャイアントオオムカデの体を真っ二つに両断した！

スマトラオオヒラタクワガタの勝利！

コラム ❺

絶滅した古代の昆虫

昆虫たちが地球上に登場したのは、今から4億年以上前。
古代の昆虫たちのなかには、現代の昆虫よりはるかに巨大なものがいた。
太古の地球で大繁栄した巨大昆虫の一部を紹介しよう。

太古の昆虫はなぜ巨大だったのか

子犬より大きなゴキブリや、カラス以上の大きさのトンボ。古代の昆虫たちは、なぜこんなに巨大化したのだろうか？　さまざまな説があるが、太古の地球は現在より空気中の酸素の割合が高かったことが、巨大化につながったという説が有力だ。

アプソロブラッティナ

ペルム紀（約2億9900万年前～2億5000万年前）に生息していたというゴキブリ。今までに化石が見つかっているゴキブリの仲間では、史上最大の大きさだ。

■分類	鞘翅目
■生息地域	イギリス、アメリカ、ロシア
■食性	不明
■体長	500mm

森にうごめく巨大ゴキブリ

サウロフティルス・ロンギペス

白亜紀（約1億4500万年前～6600万年前）に生息していたノミ。白亜紀は恐竜や大型爬虫類が栄えていた時代で、おもに翼竜の血を吸っていたといわれる。

■分類	ノミ目
■生息地域	ロシア
■食性	翼竜の血など
■体長	25mm

恐竜時代の吸血鬼

メガネウラ

石炭紀末期（約2億9000万年前頃）に生息していた巨大トンボ。翅を広げたときの幅は約70cmに達し、空を飛ぶ昆虫では史上最大と言われている。

■分類	オオトンボ目メガネウラ科
■生息地域	フランス、イギリス、アメリカ
■食性	不明
■体長	50～70cm

太古の空の支配者

史上最大級の節足動物

アースロプレウラ

石炭紀（3億5900万年前～2億9900万年前）の森に生息していた。ムカデやヤスデに近い生物で、植物食であった可能性が高いと考えられている。

■分類	アースロプレウラ科
■生息地域	アメリカ、イギリス
■食性	不明
■体長	200～300cm

※化石からの想像図のため、バトルイラストとコラムイラストで色が違いますが、同じ昆虫です。

メガネウラ VS アースロプレウラ

巨大昆虫のバトルを制するのは!?

➡ 092ページへ

RANKING-3
速さ&瞬発力

トップスピードの速さと、瞬間的な素早さの瞬発力。どちらも敵をしとめるために欠かせない能力だ。

速さランキング TOP10

1 シオヤアブ
アブ科には時速145kmで飛ぶものもいて、シオヤアブの飛行速度もトップクラス。

2 オニヤンマ
飛行時は時速70kmで飛ぶことができ、そこから、空中で止まることもできる。

3 オオスズメバチ
シオヤアブやオニヤンマには敵わないが、飛行時速40kmは人間が走るよりも速い。

4 デスストーカー
5 ペルビアンジャイアントオオムカデ
6 ヒヨケムシ
7 サバクトビバッタ
8 オオベッコウバチ
9 オオエンマハンミョウ
10 クロドクシボグモ

瞬発力ランキング TOP10

1 シオヤアブ
高速飛行からの急旋回も得意で、空中戦でシオヤアブに勝つのは至難の業だ。

2 オニヤンマ
4枚の翅をバラバラに動かすことができ、空中停止からの急発進もお手の物。

3 オオベッコウバチ
毒グモ相手に完勝できるのは、優れた俊敏性でいとも容易く毒牙をかわせるからだ。

4 オオカレエダカマキリ
5 オオスズメバチ
6 デスストーカー
7 オオエンマハンミョウ
8 ペルビアンジャイアントオオムカデ
9 ヒヨケムシ
10 サバクトビバッタ

準決勝-1

ヘラクレスオオカブト
巨大な角をもつ英雄

大きさの比較 実際のサイズ / 戦闘サイズ

- 分類 ……… 甲虫目カブトムシ亜目 コガネムシ科カブトムシ亜科
- 生息地域 ……… 中央・南アメリカ
- 食性 ……… 樹液や果汁
- 体長 ……… 100〜170mm ▶ (戦闘体長：114cm)

前回の戦い vs クロドクシボグモ　P.100

ヘラクレスオオカブトの長い角に邪魔され、思うように距離をつめられないクロドクシボグモ。ヘラクレスオオカブトはそのスキにクロドクシボグモの脚を挟み、破壊することに成功。機動力を奪われたクロドクシボグモに勝ち目はなく、ヘラクレスオオカブトに軍配が上がる。

オオエンマハンミョウ

肉食昆虫界の格闘王

レーダーチャート: 凶暴性 / パワー / テクニック / 攻撃力 / 瞬発力 / 体力 / 速さ / 防御力

S

- 分類 ……… ハンミョウ科 エンマハンミョウ属
- 生息地域 ……… 南アフリカ
- 食性 ……… 昆虫や爬虫類など
- 体長 ……… 45〜70mm（戦闘体長：103cm）

戦闘サイズ / 実際のサイズ

前回の戦い vs オニヤンマ

P.104

オオエンマハンミョウの背後をとり、距離をつめて噛みつき攻撃を繰り出すオニヤンマ。しかし、オオエンマハンミョウのカウンターをくらって翅を食いちぎられてしまう。オニヤンマはやむを得ず地上戦を挑むが、接近戦が得意なオオエンマハンミョウには敵わなかった。

準決勝-1

対戦ステージ　**森林**

走攻守においてスキがないオオエンマハンミョウと、長い角とパワーが武器のヘラクレスオオカブト。甲虫同士の注目の一戦だ。

バトルシーン 1
ヘラクレスオオカブトが序盤からしかけるが…

距離をとって牽制するオオエンマハンミョウに対し、ヘラクレスオオカブトが長い角を向けて迫る。しかし、敏捷性で勝るオオエンマハンミョウが華麗に攻撃をかわすため、決定的なチャンスが生まれない。

LOCK ON!!

冷静な攻撃回避
高い俊敏性を誇るオオエンマハンミョウにとって、ヘラクレスオオカブトの攻撃をかわすのは簡単だ。

オオエンマハンミョウの華麗なフットワーク

準決勝-2

デススト―カー
冷酷・非情な追跡者

レーダーチャート: 凶暴性 / パワー / テクニック / 攻撃力 / 瞬発力 / 体力 / 速さ / 防御力

- 分類 ………… クモ綱サソリ目キョクトウサソリ科
- 生息地域 …… 中東・ヨーロッパなど
- 食性 ………… 昆虫など
- 体長 ………… 50～100mm（戦闘体長：277cm）

大きさの比較 — 実際のサイズ / 戦闘サイズ

前回の戦い vs コーカサスオオカブト　P.108

正面からぶつかり合うコーカサスオオカブトとデススト―カー。力で勝るコーカサスオオカブトは、角でデススト―カーを投げ飛ばし、さらに追撃を試みる。その瞬間、デススト―カーのカウンターが炸裂。コーカサスオオカブトの頭部と胸部の隙間に毒針が刺さり、逆転勝利を果たした。

スマトラオオヒラタクワガタ

ジャングルの重戦車

- 分類 ……… 甲虫目クワガタムシ科
  オオクワガタ属ヒラタクワガタ亜属
- 生息地域 ……… インドネシア
- 食性 ……… 樹液など
- 体長 ……… 30〜100mm ▶（戦闘体長：130cm）

前回の戦い vs ペルビアンジャイアントオオムカデ　P.112

ペルビアンジャイアントオオムカデの威嚇にもひるまず、正面から攻めていくスマトラオオヒラタクワガタ。ペルビアンジャイアントオオムカデは巻きつき→締め上げのコンボで反撃。しかし、最後はスマトラオオヒラタクワガタの強力な大アゴによる一撃で、真っ二つにされてしまう。

準決勝-2

対戦ステージ **砂地**

強力な大アゴで勝ち上がったスマトラオオヒラタクワガタに対し、逆転劇を演じてきたデスストーカーの猛毒が今回も炸裂するか!?

バトルシーン1 パワーで劣るデスストーカーの狙いは…？

おなじみの威嚇ポーズを見せるデスストーカーに、スマトラオオヒラタクワガタが正面からぶつかる。しかし、力比べを嫌ったデスストーカーは大アゴを素早く回避し、前脚へと噛みついた！

デスストーカーの戦略
好戦的なデスストーカーも真っ向勝負は不利と感じたのか、敵の機動力を奪う頭脳的な作戦に出た。

LOCK ON!!

前脚に噛みついて機動力を奪う！

バトルシーン2
勝利への執念を見せるデスストーカー

前脚に噛みついたまま離れようとしないデスストーカー。このまま噛みちぎられてしまえば、敗北の可能性も出てくるスマトラオオヒラタクワガタは、力任せに大アゴを振るい、何とかデスストーカーをなぎ払った。

大アゴでなぎ払い距離をおく

LOCK ON!!

毒針攻撃のタイミング
デスストーカーの毒は人間でも死亡例があるほど危険だが、敵の頑丈な外骨格の隙間を狙うのは難しかったようだ。

バトルシーン3
勝ちを焦ったデスストーカーの誤算

再び接近したデスストーカーは、完全に間合いを詰める前に1m以上もある尾を伸ばして毒針攻撃を試みる。しかし、上体を起こしたスマトラオオヒラタクワガタが大アゴで尾を受け止めて切断！最大の武器を失い、万事休す。

スマトラオオヒラタクワガタの勝利！

RANKING-4
テクニック

力や速さで劣っても、技で劣勢をくつがえすことは十分に可能。昆虫界屈指の格闘テクニックを持つのは誰だ!?

テクニックランキング TOP10

多彩な進化を遂げた結果、哺乳類以上にバリエーション豊かな攻撃パターンを持つ昆虫たち。毒針、発光、ガスなど、自身の武器の効果を最大限に発揮するためには、高い技術や工夫を凝らした戦法が欠かせない。

 デスストーカー
長い尾を器用に動かし、先端の毒針で的確に相手を突き刺すテクニシャン。

 フォツリス・ベルシコロル
メスのホタルは他種の発光パターン5種類を巧みに使い分け、他種のオスのホタルをおびき寄せる。

 シオヤアブ
高速飛行状態から獲物の背後に近づき、口器を突き刺すという高等技術の持ち主。

4	オオカレエダカマキリ	8	オオベッコウバチ
5	ペルビアンジャイアントオオムカデ	9	スマトラオオヒラタクワガタ
6	オオスズメバチ	10	ヘラクレスオオカブト
7	オニヤンマ		

攻守に有利なカモフラージュ(擬態)

テクニック部門では特徴的な武器を持つ昆虫が多くランクイン。4位のオオカレエダカマキリは枯れ枝に似た姿で身を隠し、得意の待ち伏せ戦法の効果を上げている。このように自然環境に溶け込む姿をカモフラージュ(擬態)と呼び、その多くは植物に姿を似せるが、スカシカギバの幼虫は「鳥の糞」に似せて外敵から身を守るなど、ユニークなものもいる。

RANKING-5 凶暴性

厳しい自然界で生き残るためには、強い闘争本能が求められる。敵を恐れさせるような攻撃的な昆虫は!?

凶暴性ランキング TOP10

昆虫同士の戦いでは攻撃的な性格も大きな武器のひとつ。先制攻撃で戦況を有利に進めることができるほか、戦意を喪失した同種が縄張りから逃走すれば、獲物を奪われる心配もなくラクに狩りを行える。

 ペルビアンジャイアントオオムカデ
昆虫だけでなく、トカゲ、カエル、さらにはネズミや小鳥にも襲いかかる獰猛な性格。

 オオスズメバチ
個体数が増える秋に凶暴化し、大量のエサを確保するためミツバチなどの巣を集団で襲う。

 クロドクシボグモ
敵を見つけたら威嚇のダンスをしながら噛みつく攻撃性を持つ。人間すらも攻撃対象だ。

4	デスストーカー	8	コーカサスオオカブト
5	オオエンマハンミョウ	9	リオック
6	ヒヨケムシ	10	パラポネラ
7	スマトラオオヒラタクワガタ		

ランク外でも人間には最凶の存在!

人間の生活に、大きな被害をもたらすのがサバクトビバッタだ。バッタは、数千万匹という大群で移動し、米やトウモロコシ、麦などの農作物を食い荒らしてしまう。その被害は、年間で400億円以上だともいわれている。

サバクトビバッタによる農業への被害は古くから知られており、『聖書』や『コーラン』にも記録が残されている。

決勝戦

ヘラクレスオオカブト

巨大な角をもつ英雄

レーダーチャート: 凶暴性／パワー／攻撃力／体力／防御力／速さ／瞬発力／テクニック

- **分類** ……… 甲虫目カブトムシ亜目 コガネムシ科カブトムシ亜科
- **生息地域** ……… 中央・南アメリカ
- **食性** ……… 樹液や果汁
- **体長** ……… 100〜170mm ▶（戦闘体長：114cm）

大きさの比較

実際のサイズ ／ 戦闘サイズ

前回の戦い vs オオエンマハンミョウ　P.120

素早い動きでヘラクレスオオカブトを翻弄するオオエンマハンミョウ。しかし、攻撃をしかけようと近づいても、ヘラクレスオオカブトの角に挟まれ、投げ飛ばされてしまう。同じような攻防を何度か繰り返したところで、オオエンマハンミョウが戦意を喪失し、試合を放棄して逃亡。

スマトラオオヒラタクワガタ

ジャングルの重戦車

- 分類 ……………… 甲虫目クワガタムシ科 オオクワガタ属ヒラタクワガタ亜属
- 生息地域 ………… インドネシア
- 食性 ……………… 樹液など
- 体長 ……………… 30～100mm ▶（戦闘体長：130cm）

ステータス：凶暴性／パワー／攻撃力／体力／防御力／速さ／瞬発力／テクニック

前回の戦い vs デスストーカー　P.124

攻撃をしかけるも、スマトラオオヒラタクワガタの大アゴになぎ払われて吹き飛ぶデスストーカー。態勢を立て直し、スマトラオオヒラタクワガタの背中に毒針を刺そうとするが、今度は大アゴに挟まれて尻尾を切られてしまう。最大の武器を失ったデスストーカーはギブアップ。

決勝戦

対戦ステージ **森林**

人気・実力ともにトップクラスの両雄が勝ち上がった決勝戦。長い角と強力な大アゴがぶつかり合う白熱した戦いが見られそうだ。

バトルシーン1
決勝にふさわしい真っ向勝負の力比べ！

開始と同時にお互い距離を詰め、正面からぶつかり合う！ ヘラクレスオオカブトは頭角と胸角で縦にホールドし、スマトラオオヒラタクワガタは大アゴで横からホールド。両者一歩も譲らない力比べがはじまった。

名勝負を予感させる互角の攻防!!

LOCK ON!!

力と力の勝負
体重統一ルールによって体長でヘラクレスオオカブトを上回るスマトラオオヒラタクワガタが力比べでも互角の勝負を展開！

バトルシーン2
一瞬のスキを見逃さないヘラクレスオオカブト

スマトラオオヒラタクワガタが押し込もうと前脚を動かしたところ、重心が浮いた一瞬のスキをついてヘラクレスオオカブトが持ち上げた！ スマトラオオヒラタクワガタは投げ飛ばされないように必死でしがみつく。

大ピンチのスマトラオオヒラタクワガタが必死の抵抗！

LOCK ON!!

勝利まであと一歩
長い角で持ち上げてからの投げ飛ばしは、ヘラクレスオオカブトの必殺技。

バトルシーン3
伝家の宝刀でヘラクレスオオカブトの角を破壊！

勝負が決まったかに見えたが、スマトラオオヒラタクワガタがすべての力を大アゴに込めて相手の頭角を粉砕！ 自慢の角を折られたヘラクレスオオカブトは潔く負けを認めるように、その場から立ち去っていった。

頂点はスマトラオオヒラタクワガタ！

コラム ❻
本書の昆虫の体長計算方法

今回のトーナメントは自然界の実寸体長ではなく、
独自に換算した「戦闘体長」を用いている。
その計算方法について解説しよう。

実際のサイズ
約140mm

「体積と重量は比例」の仮定で戦闘体長を決定

トーナメントで採用した戦闘体長は「昆虫が人間の重さ（60kg）だったとしたら、体長はだいたいどれくらいになるのか？」という前提がもとになっている。

当初は「体長と体重は比例する」という仮定のもと、昆虫1gあたりの体長を割り出し、その数値に人間の体重をかけるという計算方法が検討されていた。しかし、この仮定だとヘラクレスオオカブトは体重60kgに対して体長75mとなり、実際の生物とはかけ離れたサイズ感になってしまった。まるで怪獣バトルの様相だ。

「体長と体重は比例」で考えると非現実的すぎる！
不採用
約75m

そこで採用したのが「体積と体重は比例する」という仮定で、1gあたりの体積を割り出し、そこに人間の体重をかけるという計算方法だ。この結果、たとえば112gのヘラクレスオオカブトは体重60kgに対して体長114cmとなり、どっしり体型からもイメージしやすい現実的なサイズ感となった。

なお、本トーナメントに出場しているすべての昆虫は、60kgを目安として拡大しているが、昆虫自体の個体差が大きく、また、極小の昆虫の体重を量ることは困難であるため、運営側の判断で、戦う両者にハンデがないように調整を加えている。

「体積と体重は比例」で考えると現実的なサイズ感に！
採用
約114cm

戦闘体長の比較

- ペルビアンジャイアントオオムカデ 360cm
- オニヤンマ 345cm
- オオキバヘビトンボ 318cm
- カマキリモドキ 283cm
- デスストーカー 277cm
- オオカレエダカマキリ 233cm
- パラポネラ 180cm
- サバクトビバッタ 174cm
- シオヤアブ 147cm
- オオベッコウバチ 147cm
- フォツリス・ベルシコロル 141cm
- オオスズメバチ 134cm
- スマトラオオヒラタクワガタ 130cm
- ギラファノコギリクワガタ 123cm
- オオクモヘリカメムシ 121cm
- リオック 115cm
- ヘラクレスオオカブト 114cm
- ミイデラゴミムシ 109cm
- オオエンマハンミョウ 103cm
- クロカタゾウムシ 91cm
- コーカサスオオカブト 86cm
- ヒヨケムシ 82cm
- クロドクシボグモ 78cm
- ルブロンオオツチグモ 71cm

参考サイズ 軽自動車 車両長 340cm

参考サイズ 成人男性 身長 170cm

参考サイズ 子ども用自転車 全長 120cm

ムカデが軽自動車以上に！

トーナメントに参加した昆虫の戦闘体長をグラフ化し、大きい（長い）順に並べた。最大体長はペルビアンジャイアントオオムカデの360cmで、これは軽自動車を上回る長さだ。

〜戦いを

攻守にスキのなかった王者、スマトラオオヒラタクワガタ

　生息地の異なる昆虫たちが一堂に介し、「体重のハンデをなくす」という特別ルールのもとで実施された本書のトーナメント。激戦を勝ち抜いて頂点に立ったのはスマトラオオヒラタクワガタだった。
　速さ・瞬発力こそ平均レベルだが、頑丈な外骨格におおわれた防御力と破壊力抜群の大アゴによる攻撃力はどちらも参加した24体中でトップクラス。堅い守りでダメージを最小限に抑え、自慢の武器でとどめを刺すという勝ちパターンを確立し、攻守ともにスキのない真っ向勝負の強さが昆虫最強王の座をたぐり寄せる要因となった。

守りの堅い甲虫目がベスト4に3体も進出

　惜しくも準優勝に終わったヘラクレスオオカブトだが、自然界ではスマトラオオヒラタクワガタに勝利する例も数多く報告されているだけに、ほぼ互角の力関係だろう。圧倒的な強さで準決勝まで進んだオオエンマハンミョウは、クワガタムシやカブトムシと同じ甲虫目だ。昆虫同士の戦いは近接戦闘が中心なので、丈夫な外骨格におおわれたタイプが有利のようだ。そうなると、防御力の低いデスストーカーのベスト4入りは大健闘だろう。長い尾を巧みに操って敵の体に毒針を突き刺すという一撃必殺の戦法は、大会屈指のテクニシャンと言える。

終えて〜

天敵とぶつかって上位を逃した昆虫も

　一方、期待されながらも本来の実力を発揮できなかった昆虫もいた。長いリーチと強力な鋏角を持つルブロンオオツチグモは、不運にも1回戦の相手が天敵のオオベッコウバチだった。
　また、国内最強昆虫の呼び声も高いオニヤンマとオオスズメバチのライバル対決が実現したのは嬉しいが、結果的に2回戦でオオスズメバチが敗退してしまったのは、惜しいことであった。
　勝負の世界で「たられば」は禁句だが、組み合わせしだいではルブロンオオツチグモとオオスズメバチのどちらも上位進出も狙えただけに残念だ。

まだ見ぬ新種の昆虫が勢力図を塗り替える!?

　このほか、奇襲型のオオカレエダカマキリやシオヤアブ、高温ガスや悪臭といった飛び道具を放つミイデラゴミムシ、オオクモヘリカメムシなど、上位には食い込めなかったものの、特徴的な戦法で存在感を示した昆虫たちにも拍手を贈りたい。
　なお、今回のトーナメントに参加した24体は、編集部によって厳選された猛者たちだ。しかし、毎年のように新種が発見される昆虫界には、まだ見ぬ最強昆虫が潜んでいるかもしれない。いつかふたたびトーナメントが開催されるときには、そんな驚異の新人昆虫の登場にも期待したい。

昆虫の知識が深まる 用語集

ここでは本書内で使用した用語をはじめ、トーナメントやコラムに登場した昆虫や、昆虫全般に関する用語を解説する。

用語（50音順）

▌威嚇
外敵から逃れるための行動。大アゴを開閉させて警告音を鳴らしたり、前脚や翅を広げて体を大きく見せたりなどの方法がある。

▌隠蔽色
自然環境に溶け込む目立たない色彩のこと。多くの昆虫は葉や枝、大地などと似た色をしていて捕食者から身を守っている。

▌大アゴ
昆虫の口器。食べ物を噛み切る・咀嚼する機能を持つほか、クワガタムシ類のオスなどは発達した大アゴを武器としても使用する。

▌外骨格
昆虫を含む節足動物の体の表面をおおっている硬い皮膚。なかでも甲虫目は頑丈な外骨格をもつ昆虫が多い。

▌害虫
人間に害を与える昆虫の総称。病気を媒介する衛生害虫、衣類の繊維を食べる衣類害虫、食品を食べる食品害虫などが存在する。

▌外来種
本来の生息場所ではない地域に人為的に持ち込まれて定着した生物。生態系を崩す恐れがあり、しばしば問題視されている。

▌家畜
人間が生活に役立てるために飼育・繁殖している動物。昆虫では絹生産の養蚕（カイコ）やハチミツ生産の養蜂（ミツバチ）が有名。

▌カモフラージュ（擬態）
無害・無毒の昆虫が捕食者から逃れるため、有害・有毒の昆虫の姿に似せること。広義では隠蔽色もカモフラージュの一種に含まれる。

▌擬死
何らかの刺激に対して、死んだように硬直すること。動くものだけに攻撃する習性の捕食者から、身を守るための防衛行動。

▌鋏角類
頭部に鋏状の鋏角か鋏肢をそなえ、触覚を持たない節定動物。クモ、サソリ、カブトガニ、ダニなどが属している。

▌警戒色
有害・有毒な昆虫の体色のこと。派手な色で印象づけることで過去に被害にあった捕食者に記憶させ、身を守る役割を果たす。

▌甲殻類
頭部に2対4本の触角をそなえた節定動物。ミジンコ、フジツボ、エビ、カニ、ザリガニ、ワラジムシなどが属している。

▌口器
節定動物の口を囲み、エサの感知や摂取、咀嚼をする器官の総称。食性によって、さまざまな形が存在する。大アゴも口器のひとつ。

▌食性
摂取する食べ物の種類・捕獲方法などの習性。昆虫など動物を食べる捕食性、植物を食べる植食性、両方食べる雑食性などがある。

▍指標昆虫
「この昆虫が住む場所には広い林地がある」など、その生態から環境状態の情報が得られる昆虫のこと。自然度の指標にも利用される。

▍節足動物
関節のある脚、外骨格、脱皮で成長するなどの特徴を持つ動物。大きく昆虫類（六脚類）、鋏角類、甲殻類、多足類の4つに分類できる。

▍絶滅危惧種
絶滅の恐れがある野生生物種のリスト。環境省レッドリスト2017年版では、国内の昆虫類358種が絶滅危惧種に指定されている。

▍太陽コンパス
体内時計による時刻感覚と太陽の位置から、一定の方角を認識する能力。渡りを行うチョウ、オオカバマダラなどが備えている。

▍多足類
頭部に1対2本の触覚をそなえた節足動物で、すべて陸生。ムカデ、コムカデ、ヤスデ、エダヒゲムシが属している。

▍脱皮
昆虫の外骨格は一度硬くなると大きくなることができないため、脱皮によって古い外骨格を脱ぎ捨てることで段階状に発育していく。

▍単為生殖
メスだけで子を生むことができる生殖様式。昆虫ではアブラムシやナナフシの仲間のほとんどが単為生殖を行っている。

▍単食性・広食性
単一の食物だけを摂取することを「単食性」と呼び、幅広い食物を摂取することを「広食性」と呼ぶ。

▍地球温暖化
大気中の二酸化炭素の増加で気温が上昇する現象。熱帯起源の昆虫は生息地が拡大し、寒冷起源の昆虫は生息地が縮小してしまう。

▍飛翔
翅によって空中を移動する能力。すべての動物のなかで飛翔できるのは昆虫と脊椎動物だけで、昆虫が繁栄できた要因のひとつ。

▍フェロモン
昆虫の体内で作られる化学物質で、分泌することで同種に何らかの行動を引き起こさせる。集合、警報、交尾など、効果はさまざま。

▍変異
同一種の昆虫の形や色などが、遺伝子型や環境の変化によって異なること。地域による変異は亜種として扱われることもある。

▍変態
脱皮によって形態に大きな変化が起きること。幼虫からサナギを経て成虫に変わる場合は「完全変態」と呼ばれる。

▍六脚類
別名「昆虫類」。口器の特徴で内顎綱と外顎綱に分けられ、しばしば狭義では外顎綱を昆虫と呼ぶこともある。

もっと知りたい 昆虫データ

トーナメントとエキシビション、その他コラムに登場した昆虫をそれぞれ50音順に紹介。生態や戦いぶりを確認しよう。

オオエンマハンミョウ
P.066・102・119・128

世界最大のハンミョウ。左右の大アゴが非対称になっている個体が多く、これはオスほど顕著。映画『プレデター』に登場したクリーチャーに似た姿をしていることから、「プレデタービートル」の異名を持つ。

- 生息地域 ▶▶▶ 南アフリカ
- 体長 ▶▶▶ 45～70mm
- 食性 ▶▶▶ 昆虫や爬虫類など

オオカレエダカマキリ
P.022・062・099

東南アジアなどの一部でしか生息していない珍種で、別名「ドラゴンマンティス」とも呼ばれる世界一大きなカマキリ。その名の通り、枯れ枝に擬態した姿で、小さい葉のようなヒレ状のものもついている。

- 生息地域 ▶▶▶ 東南アジア
- 体長 ▶▶▶ 70～200mm
- 食性 ▶▶▶ 昆虫や爬虫類など

オオキバヘビトンボ
P.045・085

中国に生息する世界最大の水生昆虫。大きい個体は翼開長20cmを超えるものもある。幼虫は強い肉食性だが、成虫になると樹液や果実などを食べる。きれいな河川に生息するため、水質の指標生物となっている。

- 生息地域 ▶▶▶ 中国など
- 体長 ▶▶▶ 約140mm
- 食性 ▶▶▶ 樹液など

オオクモヘリカメムシ
P.048・088・111

緑色の体と褐色の翅が特徴の細長いカメムシ。街路樹としても植えられるネムノキの葉を主食とする。一方、果汁なども好むため、しばしば果樹園などで若い果実の汁を吸い荒らしてしまう。

- 生息地域 ▶▶▶ 日本や中国など
- 体長 ▶▶▶ 20～25mm
- 食性 ▶▶▶ 木の葉や樹液など

オオスズメバチ
P.031・070・103

日本にも生息している、世界最大のスズメバチ。小型昆虫などを捕らえ、丈夫なアゴで肉団子状にして幼虫に与える。幼虫はエサを食べるたびに唾液腺から栄養液を出すが、成虫はこの栄養液を主食としている。

- 生息地域 ▶▶▶ アジアの広い地域
- 体長 ▶▶▶ 25～40mm
- 食性 ▶▶▶ 小型の昆虫や樹液など

オオベッコウバチ
P.041・080・107

「タランチュラホーク」の異名を持ち、大型グモを専門に狩るため、地上を徘徊することが多い。捕らえた大型グモを巣に運んで卵を産みつけ、卵から孵化した幼虫のエサとする。成虫は大型グモを食べず、花の蜜などを吸う。

- 生息地域 ▶▶▶ アメリカ
- 体長 ▶▶▶ 約60mm
- 食性 ▶▶▶ 花の蜜など

トーナメント

オニヤンマ　　P.071・103・119

- 生息地域 ▶▶▶ 日本
- 体長 ▶▶▶ 90〜110mm
- 食性 ▶▶▶ 小型の昆虫など

日本最大のトンボで、成虫になるまで3〜4年かかる。平野部の湿地から山間部の渓流まで、水辺を中心に幅広い活動域を持つ。4枚の翅それぞれに筋肉があり、別々に動かすことができるため、飛翔能力が高い。

カマキリモドキ　　P.027・067

- 生息地域 ▶▶▶ 世界各地の熱帯・亜熱帯
- 体長 ▶▶▶ 15〜35mm
- 食性 ▶▶▶ 小型の昆虫や花の蜜など

カゲロウの一種だが、カマキリに似たカマ状の前脚を持つ。英名は「カマキリバエ」でハエのように素早く飛ぶ。多くの幼虫はクモの卵の汁を吸って成長し、やがてクモの卵の袋のなかで繭をつくり、サナギとなる。

ギラファノコギリクワガタ　　P.018・059・098

- 生息地域 ▶▶▶ 東南アジアの熱帯地域
- 体長 ▶▶▶ 35〜120mm
- 食性 ▶▶▶ 樹液など

世界最大・最長のクワガタムシで、なかでもインドネシアのフローレス産は一番大きく成長するといわれている。エサ場の樹液をめぐって争うことはあるが、その体の大きさから天敵も少なく基本的におとなしい性格。

クロカタゾウムシ　　P.049・088

- 生息地域 ▶▶▶ 日本やフィリピンなど
- 体長 ▶▶▶ 10〜15mm
- 食性 ▶▶▶ スダジイなどの葉

日本では沖縄の八重山諸島に生息し、幼虫・成虫ともに植食性で葉っぱを主食とする。頑丈な外骨格を持つ甲虫目のなかでもとくに頑丈。しかし、頑丈すぎるために上翅が開かないので飛ぶことはできない。

クロドクシボグモ　　P.058・098・118

- 生息地域 ▶▶▶ 南アメリカ
- 体長 ▶▶▶ 50〜100mm
- 食性 ▶▶▶ 昆虫や爬虫類など

別名「ブラジリアン・ワンダリング・スパイダー」。最も強い毒を持つクモとして知られる。夜行性で、日中は日光があたらない木陰などに潜んでいることが多い。夜になると地中を移動して獲物を探す。

コーカサスオオカブト　　P.076・106・122

- 生息地域 ▶▶▶ 東南アジア
- 体長 ▶▶▶ 60〜130mm
- 食性 ▶▶▶ 樹液など

アジア最大のカブトムシ。インドネシアなどの熱帯高地林に生息する。カブトムシのなかでもとくに闘争心が強く、オス・メスともに気が荒いため、複数の個体を飼う場合でも別のケージで飼育する必要がある。

トーナメント

サバクトビバッタ P.030・070

バッタのなかで最も脚力が強いとされる。本来の体の色は緑だが、降水量が減ってエサである草地が少ない環境で生まれると、体は黄色や黒色に変化する。そして群れをつくって農地を食い荒らす害虫になる。

- 生息地域 ▶▶▶ 中東やアフリカの乾燥地帯など
- 体長 ▶▶▶ 35～65mm
- 食性 ▶▶▶ 植物全般

シオヤアブ P.036・077・106

全身に黄色の毛が生えていて、黒い腹部が見え隠れして縞模様に見える。幼虫時代は土中で甲虫目の幼虫などを食べて過ごし、成虫になると小型昆虫に口器を突き刺して消化液を流し込み、体液を吸う。

- 生息地域 ▶▶▶ 日本各地
- 体長 ▶▶▶ 20～30mm
- 食性 ▶▶▶ 小型の昆虫など

スマトラオオヒラタクワガタ P.089・111・123・129

クワガタムシのなかでも大アゴの挟む力は最強クラス。しばしばフィリピン・パラワン島の亜種・パラワンオオヒラタクワガタと並んで最強の昆虫と称される。パラワン産よりも体長では劣るが、横幅が大きい。

- 生息地域 ▶▶▶ インドネシア
- 体長 ▶▶▶ 30～100mm
- 食性 ▶▶▶ 樹液など

デスストーカー P.081・107・122・129

鋏に比べて太く立派な尾を持つことから日本では「オブトサソリ」とも呼ばれる。毒の強さは生息地域によって異なるとされ、ヨーロッパよりも中東のデスストーカーの毒が強く、人間の死亡例も報告されている。

- 生息地域 ▶▶▶ 中東・ヨーロッパなど
- 体長 ▶▶▶ 50～100mm
- 食性 ▶▶▶ 昆虫など

パラポネラ P.084・110

和名「サシハリアリ」。アリのなかでも最大級の大きさを誇る。アリの仲間は働きアリよりも女王アリのほうが大きい種類が一般的だが、パラポネラは働きアリと女王アリのサイズはほとんど変わらない。

- 生息地域 ▶▶▶ 中央・南アメリカ
- 体長 ▶▶▶ 20～30mm
- 食性 ▶▶▶ 節足動物や甘露など

ヒヨケムシ P.023・062

クモの仲間である鋏角類に属し、発達した1対の触肢と4対の脚を含めて計10本脚を備える。触肢の先端には収納可能な吸盤がついていて、獲物をつかむときや平面な場所にしがみつくときなどに使われる。

- 生息地域 ▶▶▶ 世界各地の熱帯・亜熱帯
- 体長 ▶▶▶ 100～150mm
- 食性 ▶▶▶ 小型の昆虫など

フォツリス・ベルシコロル　　　　　　P.019・059

生息地域	▶▶▶ 北アメリカ
体長	▶▶▶ 約15mm
食性	▶▶▶ 小型の昆虫など

別名「ベルシカラーボタル」。多くのホタルは成虫になると口器が退化してしまうが、この種は成虫になっても肉食。また、成虫時代に発光するホタルは実は珍しく、同種やゲンジボタルなどの一部の仲間だけだ。

ヘラクレスオオカブト　　　　　　P.063・099・118・128

生息地域	▶▶▶ 中央・南アメリカ
体長	▶▶▶ 100〜170mm
食性	▶▶▶ 樹液や果汁

長い2本の角が特徴の世界最大のカブトムシ。上翅が黄褐色に黒の斑点が特徴だが、高湿度の環境で育つと黒褐色に近づく。コレクター人気が高く、過去には170mmを超える個体の標本に200万円の価格がついたことも。

ペルビアンジャイアントオオムカデ　　P.044・085・110・123

生息地域	▶▶▶ 南アメリカ
体長	▶▶▶ 200〜400mm
食性	▶▶▶ 小動物全般

南米の熱帯雨林などに生息する世界最大のムカデ。脚は黄、または黄と黒の縞模様で、これは毒を持つことを示す警告色だ。「ペルーオオムカデ」「ギガスオオムカデ」「ダイオウムカデ」など複数の異名を持つ。

ミイデラゴミムシ　　　　　　　　　　P.037・077

生息地域	▶▶▶ 日本や中国など、広い地域
体長	▶▶▶ 25〜35mm
食性	▶▶▶ 小型の昆虫など

田んぼなどに生息することが多い。外敵から身を守るため、尾端から100℃以上の高温ガスを噴射するのが特徴。人体の皮膚に触れても問題はないが、目に入ると最低30分は目が開かず、最悪の場合は失明の恐れも。

リオック　　　　　　　　　　　　　　P.026・067・102

生息地域	▶▶▶ インドネシア
体長	▶▶▶ 60〜100mm
食性	▶▶▶ 昆虫や爬虫類など

コオロギの近縁、コロギスの大型種。茶褐色で日本のコロギスに似ているが、体長は2〜3倍も大きい。メスのほうが体が大きく、カマキリなどと同様、オスとメスを一緒に飼うとメスがオスを食べてしまうことがある。

ルブロンオオツチグモ　　　　　　　　P.040・080

生息地域	▶▶▶ 南アメリカ
体長	▶▶▶ 100mm〜120mm
食性	▶▶▶ 昆虫・小型動物など

世界最大のクモで、脚を広げたときの長さは30cmに達することも。攻撃的な性格だが毒性はあまり強くない。南米ジャングルの現地住人にとっては貴重なタンパク源のため、しばしば食用として捕獲されることも。

エキシビション

アースロプレウラ P.093・115

約3億5000万年前に生息していたムカデやヤスデに似た節足動物。体長2〜3mと推測され、史上最大級の節足動物とされている。

オオゲンゴロウ（幼虫） P.052

日本やシベリアなどに分布する最大級のゲンゴロウの幼虫。成虫は水生昆虫のなかでも遊泳能力に優れ、後脚でオールを漕ぐように泳ぐ。

ナンベイオオタガメ P.053

南アメリカに生息する体長10cmに達する最大種のタガメ。凶暴な性格で、自分よりも大きなネズミなどを捕食することもある。

メガネウラ P.092・115

約2億9000万年前に生息していた太古のトンボの仲間。翅を広げたときの長さは60cm以上と推測され、史上最大級の昆虫とされる。

コラム

アプソロブラッティナ P.114
エメラルドゴキブリバチ P.054
クマムシ P.094
ゴキブリ P.055
キリアツメゴミムシダマシ P.055
サウロフティルス・ロンギペス P.114
ジバクアリ P.034
セキユバエ（幼虫） P.095
サツマハオリムシ P.095
ツェツェバエ P.034
タートルアント P.034
ダイオウグソクムシ P.095
ダーウィンズ・バーク・スパイダー P.055
ハナカマキリ P.054
ベネズエラヤママユガ（幼虫） P.034

参考文献

『美しすぎるカブトムシ図鑑（双葉社スーパームック）』
　　　　　　　　　　　　　著 野澤亘伸、編 オフィスJB（双葉社）

『学研の図鑑LIVE 昆虫』
　　　　　　　　　　　　　　　　　　　監修 岡島秀治（学研）

『カラー版徹底図解 昆虫の世界』
　　　　　　　　　　　　　　　監修 岡島秀治（新星出版社）

『完訳 ファーブル昆虫記 第2巻 下』
　　　　　　　著 ジャン・アンリ・ファーブル、翻訳 奥本大三郎（集英社）

『恋する昆虫図鑑 ムシとヒトの恋愛戦略』
　　　　　　　　　　　　　　　著 篠原かをり（文藝春秋）

『甲虫（山渓フィールドブックス）』
　　　　　　　著 黒沢良彦／栗林慧／渡辺泰明（山と溪谷社）

『昆虫 超最驚図鑑』
　　　　　　　　　　　　　　　　　著 岡村茂（永岡書店）

『昆虫の体重測定』
　　　　　　　　　　　　　　　著 吉谷昭憲（福音館書店）

『世界甲虫大図鑑』
　　　　　　編 パトリス・ブシャー、監修 丸山宗利（東京書籍）

『世界のカマキリ観察図鑑』
　　　　　　　　　　　　　　　　　著 海野和男（草思社）

『世界の奇虫図鑑 キモカワイイ虫たちに出会える』
　　　　　　　　　　　　　　　著 田邊拓哉（誠文堂新光社）

『戦うムシ大百科 ムシ最強王決定戦』
　　　　　　　　　　　　　　　　監修 岡島秀治（西東社）

『超絶！ムシムシバトル図鑑』
　　　　　　　　　　　　　　　　監修 丸山宗利（ナツメ社）

『ビジュアル 世界一の昆虫』
　　著 リチャード・ジョーンズ、編 ナショナルジオグラフィック（日経ナショナルジオグラフィック社）

※そのほか、多くの書籍、論文、Webサイト、新聞記事、映像を参考にさせていただいております。

【監修】
篠原かをり (しのはら かをり)

1995年、神奈川県に生まれる。横浜雙葉中学校高等学校卒業。現在は慶應義塾大学環境情報学部に在学中。2015年『恋する昆虫図鑑』で第10回出版甲子園グランプリを受賞した。
〈主な著書〉『恋する昆虫図鑑 ムシとヒトの恋愛戦略』(文藝春秋)、『LIFE 人間が知らない生き方』(共著・麻生羽呂、文響社)、『サバイブ 強くなければ、生き残れない』(共著・麻生羽呂、ダイヤモンド社)

昆虫最強王図鑑

2018年8月7日	第1刷発行			
2025年5月12日	第28刷発行			
監　修	篠原かをり	編集・構成	株式会社ライブ
			齊藤秀夫、花倉 渚、山﨑香弥
発行人	川畑 勝	ライティング	松本晋平、中村仁嗣、松本英明
編集人	芳賀靖彦	イラスト	児玉智則
企画・編集	目黒哲也	コラムイラスト	なんばきび
発行所	株式会社Gakken	デザイン	黒川篤史 (CROWARTS)
	〒141-8416	昆虫シルエット	松岡正記
	東京都品川区西五反田2-11-8	DTP	株式会社ライブ
印刷所	中央精版印刷株式会社	編集協力	高木直子、井下恵理子

●お客様へ

【この本に関する各種お問い合わせ先】
○本の内容については下記サイトのお問い合わせフォームよりお願いします。
　https://www.corp-gakken.co.jp/contact/
○在庫については ℡03-6431-1197(販売部)
○不良品(落丁・乱丁)については ℡0570-000577
　学研業務センター
　〒354-0045 埼玉県入間郡三芳町上富279-1
○上記以外のお問い合わせは
　℡0570-056-710(学研グループ総合案内)

本書の無断転載、複製、複写(コピー)、翻訳を禁じます。
本書を代行業者等の第三者に依頼してスキャンやデジタル化することは、たとえ個人や家庭内の利用であっても、著作権法上、認められておりません。

学研の書籍・雑誌についての新刊情報・詳細情報は、下記をご覧ください。
学研出版サイト https://hon.gakken.jp/

©Gakken